U0296249

DIGITAL
CONSTRUCTION

"十三五"国家重点图书出版规划项目
中国工程院重点咨询项目（2019-XZ-029）

丛书编委会主任｜丁烈云

国家出版基金项目
NATIONAL PUBLICATION FOUNDATION

数字建造｜实践卷

北京大兴国际机场数字设计
Digital Design of Beijing Daxing International Airport

王亦知　门小牛　田　晶 ｜ 著
秦　凯　王　斌
Yizhi Wang, Xiaoniu Men, Jing Tian
Kai Qin, Bin Wang

中国建筑工业出版社

图书在版编目（CIP）数据

北京大兴国际机场数字设计 / 王亦知等著. — 北京：中国建筑工业出版社，2019.12（2022.9重印）

（数字建造）

ISBN 978-7-112-24529-1

Ⅰ.①北…　Ⅱ.①王…　Ⅲ.①数字技术－应用－国际机场－建筑设计－研究－大兴区　Ⅳ.①TU248.6

中国版本图书馆CIP数据核字（2019）第286247号

总　策　划：沈元勤
责任编辑：赵晓菲　朱晓瑜
助理编辑：张智芊
责任校对：张惠雯
书籍设计：锋尚设计

数字建造｜实践卷

北京大兴国际机场数字设计

王亦知　门小牛　田　晶　秦　凯　王　斌　著

*

中国建筑工业出版社出版、发行（北京海淀三里河路9号）

各地新华书店、建筑书店经销

北京锋尚制版有限公司制版

北京中科印刷有限公司印刷

*

开本：787×1092毫米　1/16　印张：11½　字数：198千字

2019年12月第一版　2022年9月第二次印刷

定价：90.00元

ISBN 978 - 7 - 112 - 24529 - 1

　　　　（35202）

版权所有　翻印必究

如有印装质量问题，可寄本社退换

（邮政编码100037）

《数字建造》丛书编委会

--------------------- 专家委员会 ---------------------

主任：钱七虎

委员（按姓氏笔画排序）：

丁士昭　王建国　卢春房　刘加平　孙永福　何继善　欧进萍

孟建民　胡文瑞　聂建国　龚晓南　程泰宁　谢礼立

--------------------- 编写委员会 ---------------------

主任：丁烈云

委员（按姓氏笔画排序）：

马智亮　王亦知　方东平　朱宏平　朱毅敏　李　恒　李一军

李云贵　吴　刚　何　政　沈元勤　张　建　张　铭　邵韦平

郑展鹏　骆汉宾　袁　烽　徐卫国　龚　剑

本书撰写组

本书作者：王亦知　门小牛　田　晶　秦　凯　王　斌

参加撰写人：石宇立　张　琳　周忠发　王　哲　梁宸宇　崔建华

版式设计：丁小涵

丛书序言

伴随着工业化进程，以及新型城镇化战略的推进，我国城市建设日新月异，重大工程不断刷新纪录，"中国制造、中国创造、中国建造共同发力，继续改变着中国的面貌"。

建设行业具备过去难以想象的良好发展基础和条件，但也面临着许多前所未有的困难和挑战，如工程的质量安全、生态环境、企业效益等问题。建设行业处于转型升级新的历史起点，迫切需要实现高质量发展，不仅需要改变发展方式，从粗放式的规模速度型转向精细化的质量效率型，提供更高品质的工程产品；还需要转变发展动力，从主要依靠资源和低成本劳动力等要素投入转向创新驱动，提升我国建设企业参与全球竞争的能力。

现代信息技术蓬勃发展，深刻地改变了人类社会生产和生活方式。尤其是近年来兴起的人工智能、物联网、区块链等新一代信息技术，与传统行业融合逐渐深入，推动传统产业朝着数字化、网络化和智能化方向变革。建设行业也不例外，信息技术正逐渐成为推动产业变革的重要力量。工程建造正在迈进数字建造，乃至智能建造的新发展阶段。站在建设行业发展的新起点，系统研究数字建造理论与关键技术，为促进我国建设行业转型升级、实现高质量发展提供重要的理论和技术支撑，显得尤为关键和必要。

数字建造理论和技术在国内外都属于前沿研究热点，受到产学研各界的广泛关注。我们欣喜地看到国内有一批致力于数字建造理论研究和技术应用的学者、专家，坚持问题导向，面向我国重大工程建设需求，在理论体系建构与技术创新等方面取得了一系列丰硕成果，并成功应用于大型工程建设中，创造了显著的经济和社会效益。现在，由丁烈云院士领衔，邀请国内数字建造领域的相关专家学者，共同研讨、组织策划《数字建造》丛书，系统梳理和阐述数字建造理论框架和技术体系，总结数字建造在工程建设中的实践应用。这是一件非常有意义的工作，而且恰逢其时。

丛书涵盖了数字建造理论框架，以及工程全生命周期中的关键数字技术和应用。其内容包括对数字建造发展趋势的深刻分析，以及对数字建造内涵的系统阐述；全面探讨了数字化设计、数字化施工和智能化运维等关键技术及应用；还介绍了北京大兴国际机场、凤凰中心、上海中心大厦和上海主题乐园四个工程实践，全方位展示了数字建造技术在工程建设项目中的具体应用过程和效果。

　　丛书内容既有理论体系的建构，也有关键技术的解析，还有具体应用的总结，内容丰富。丛书编写者中既有从事理论研究的学者，也有从事工程实践的专家，都取得了数字建造理论研究和技术应用的丰富成果，保证了丛书内容的前沿性和权威性。丛书是对当前数字建造理论研究和技术应用的系统总结，是数字建造研究领域具有开创性的成果。相信本丛书的出版，对推动数字建造理论与技术的研究和应用，深化信息技术与工程建造的进一步融合，促进建筑产业变革，实现中国建造高质量发展将发挥重要影响。

　　期待丛书促进产生更加丰富的数字建造研究和应用成果。

中国工程院院士
2019年12月9日

丛书前言

我国是制造大国，也是建造大国，高速工业化进程造就大制造，高速城镇化进程引发大建造。同城镇化必然伴随着工业化一样，大建造与大制造有着必然的联系，建造为制造提供基础设施，制造为建造提供先进建造装备。

改革开放以来，我国的工程建造取得了巨大成就，阿卡迪全球建筑资产财富指数表明，中国建筑资产规模已超过美国成为全球建筑规模最大的国家。有多个领域居世界第一，如超高层建筑、桥梁工程、隧道工程、地铁工程等，高铁更是一张靓丽的名片。

尽管我国是建造大国，但是还不是建造强国。碎片化、粗放式的建造方式带来一系列问题，如产品性能欠佳、资源浪费较大、安全问题突出、环境污染严重和生产效率较低等。同时，社会经济发展的新需求使得工程建造活动日趋复杂。建设行业亟待转型升级。

以物联网、大数据、云计算、人工智能为代表的新一代信息技术，正在催生新一轮的产业革命。电子商务颠覆了传统的商业模式，社交网络使传统的通信出版行业备感压力，无人驾驶让人们憧憬智能交通的未来，区块链正在重塑金融行业，特别是以智能制造为核心的制造业变革席卷全球，成为竞争焦点，如德国的工业4.0、美国的工业互联网、英国的高价值制造、日本的工业价值网络以及中国制造2025战略，等等。随着数字技术的快速发展与广泛应用，人们的生产和生活方式正在发生颠覆性改变。

就全球范围来看，工程建造领域的数字化水平仍然处于较低阶段。根据麦肯锡发布的调查报告，在涉及的22个行业中，工程建造领域的数字化水平远远落后于制造行业，仅仅高于农牧业，排在全球国民经济各行业的倒数第二位。一方面，由于工程产品个性化特征，在信息化的进程中难度高，挑战大；另一方面，也预示着建设行业的数字化进程有着广阔的前景和发展空间。

一些国家政府及其业界正在审视工程建造发展的现实，反思工程建造面临的问题，探索行业发展的数字化未来，抢占工程建造数字化高地。如颁布建筑业数字化创新发展路线图，推出以BIM为核心的产品集成解决方案和高效的工程软件，开发各种工程智能机器人，搭建面向工程建造的服务云平台，以及向居家养老、智慧社区等产业链高端拓展等等。同时，工程建造数字化的巨大市场空间也吸引众多风险资本，以及来自其他行业的跨界创新。

我国建设行业要把握新一轮科技革命的历史机遇，将现代信息技术与工程建造深度融合，以绿色化为建造目标、工业化为产业路径、智能化为技术支撑，提升建设行业的建造和管理水平，从粗放式、碎片化的建造方式向精细化、集成化的建造方式转型升级，实现工程建造高质量发展。

然而，有关数字建造的内涵、技术体系、对学科发展和产业变革有什么影响，如何应用数字技术解决工程实际问题，迫切需要在总结有关数字建造的理论研究和工程建设实践成果的基础上，建立较为完整的数字建造理论与技术体系，形成系列出版物，供业界人员参考。

在时任中国建筑工业出版社沈元勤社长的推动和支持下，确定了《数字建造》丛书主题以及各册作者，成立了专家委员会、编委会，该丛书被列入"十三五"国家重点图书出版计划。特别是以钱七虎院士为组长的专家组各位院士专家，就该丛书的定位、框架等重要问题，进行了论证和咨询，提出了宝贵的指导意见。

数字建造是一个全新的选题，需要在研究的基础上形成书稿。相关研究得到中国工程院和国家自然科学基金委的大力支持，中国工程院分别将"数字建造框架体系"和"中国建造2035"列入咨询项目和重点咨询项目，国家自然科学基金委批准立项"数字建造模式下的工程项目管理理论与方法研究"重点项目和其他相关项目。因此，《数字建造》丛书也是中国工程院战略咨询成果和国家自然科学基金资助项目成果。

《数字建造》丛书分为导论、设计卷、施工卷、运营维护卷和实践卷，共12册。丛书系统阐述数字建造框架体系以及建筑产业变革的趋势，并从建筑数字化设计、工程结构参数化设计、工程数字化施工、建筑机器人、建筑结构安全监测与智能评估、长大跨桥梁健康监测与大数据分析、建筑工程数字化运维服务等多个方面对数字建造在工程设计、施工、运维全过程中的相关技术与管理问题进行全面系统研究。丛书还通过北京大兴国际机场、凤凰中心、上海中心大厦和上海主题乐园四个典型工程实践，探讨数字建造技术的具体应用。

《数字建造》丛书的作者和编委有来自清华大学、华中科技大学、同济大学、东南大学、大连理工大学、香港科技大学、香港理工大学等著名高校的知名教授，也有中国建筑集团、上海建工集团、北京市建筑设计研究院等企业的知名专家。从2016年3月至今，经过诸位作者近4年的辛勤耕耘，丛书终于问世与众。

衷心感谢以钱七虎院士为组长的专家组各位院士、专家给予的悉心指导，感谢各位编委、各位作者和各位编辑的辛勤付出，感谢胡文瑞院士、丁士昭教授、沈元勤编审、赵晓菲主任的支持和帮助。

将现代信息技术与工程建造结合，促进建筑业转型升级，任重道远，需要不断深入研究和探索，希望《数字建造》丛书能够起到抛砖引玉作用。欢迎大家批评指正。

《数字建造》丛书编委会主任
2019年11月于武昌喻家山

（图片来源：王亦知 摄）

（图片来源：傅兴 摄）

（图片来源：傅兴 摄）

北京大兴国际机场数字设计

（图片来源：蔡继红 摄）

（图片来源：蔡继红 摄）

北京大兴国际机场数字设计

（图片来源：傅兴 摄）

（图片来源：傅兴 摄）

（图片来源：傅兴 摄）

（图片来源：蔡继红 摄）

算力时代的数字设计

依靠算力进行设计，是自从参数化设计提出之初就有的一个基本概念。大量的实验性与小规模的应用，也在不断地验证并积累着。而北京大兴国际机场的数字设计，是第一次如此大规模地、彻底地应用与实施落地，从而宣告着算力设计时代真正降临了。

北京大兴国际机场能够由"设计出来"转变为"计算出来"，我想是基于社会环境的两点进步：一是计算机技术的进步，即使是消费级的电脑，也有足够的算力实现复杂设计的要求；二是参数化设计的积累，有大量现成的方法和打包的算法可以使用，设计人员不再需要专业的数学知识，从而大大降低了技术门槛。同时，制造行业的迭代、建造技术的进步，也成为北京大兴国际机场数字设计得以实施落地的保证。数字加工的平台，使得大兴国际机场每一片面板得以单独加工，即使各不相同，对建造成本的影响也在可接受的范围以内；数字建造技术的成熟，使复杂的设计成果，也能正确地安装实施。

回顾北京大兴国际机场的设计过程，我们看到的是一座如此充满雄心的建筑，它的规模、体量、复杂程度前所未有，超出了我们的经验范畴。在接到北京大兴国际机场数字设计的任务时，在如此有限的时间内完成这一任务使我们一时找不到现成的方法和途径。然而机缘巧合，我们被迫走上了一条与以往不太相同的道路，将设计的重点，由人的智力转向计算机的算力，并且幸运地走到了终点。回过头看，却发现这是一条如此简单直接的道路。打个不太恰当的比喻：这就像是人们都在步行的时候，我们选择了汽车作为交通工具，虽然失去不少意趣与风景，但单就到达目的地这一点，却足够简单与高效。

我们也看到，一旦开始依靠机器，即使缺少强健的身体，我们也完全可以超越任何步行者，到达更远的风景。首先是效率的提升，一旦规则或者程序确定，计算机处理的效率优势非常明显。北京大兴国际机场从方案深化，到初步设计，再到施工图完成，主要的设计工作只用了不到一年时间；30万m^2的复杂曲面屋面的数字设计工作，利用高效的工作流程、程序化的控制，只投入了两三个建筑设计人员，所有的曲面和网格在两个月的时间内就已确定下来，并完成了结构的协同与验证。在缺少现成经验与外部支持的情况下，用独创的方法实现了中国的效率。

　　我们相信，新的方法必然会产生新的形式。在算力设计的道路上，北京大兴国际机场的应用还不成熟，仅仅是刚刚起步，希望为旅客带来略不同于以往的建筑空间体验。我们长久以来依赖的建筑学，仅仅是人脑范畴的经验积累与总结。而当今社会正在发生着激烈的变革，数字技术、互联网、大数据、人工智能，无时无刻不在改变着直至颠覆着各个行业。随着设计算法的完善、基础性数据的积累、人工智能的普及，硅基的智能必然越来越深刻地介入建筑设计的工作中。届时建筑的面貌，甚至建筑学的概念，都将超乎我们的想象。

王亦知

2019年11月

目录│Contents

第 1 章　数字协同——搭建数字设计平台

002　　　1.1　北京大兴国际机场基本情况

018　　　1.2　数字协同

第 2 章　数字编织——外围护系统数字设计

024　　　2.1　外围护系统框架

025　　　2.2　造型与结构的整体逻辑梳理

030　　　2.3　数字编织主网格控制系统

044　　　2.4　数字协同下的层级深化

061　　　2.5　智能设计探索与实践

第 3 章　数据支持——大平面系统数字设计

074　　　3.1　大平面系统框架与技术平台搭建

076　　　3.2　卫生间、楼电梯专项系统应用

087　　　3.3　引导标识系统应用

093　　　3.4　数据应用

第 4 章　数字验证——超验与模拟

100　4.1　数字设计验证的优势与局限

101　4.2　航站楼物理环境验证

104　4.3　钢结构数字验证——C 形柱

108　4.4　旅客流线仿真验证，消防性能化设计等

第 5 章　数字建造——从设计起步

112　5.1　贯穿全过程的数字建造

112　5.2　设计先行——屋面装饰板数字设计

116　5.3　设计先行——大吊顶板数字设计

126　5.4　数字实现——大吊顶数字建造

141　5.5　数字实现——钢连桥数字建造

索　引

参考文献

说　明

结　语

PTER

第 1 章

数字协同

——搭建数字设计平台

图1-1 北京大兴国际机场纵剖面透视

1.1 北京大兴国际机场基本情况

北京大兴国际机场是党中央、国务院决策的国家重大标志性工程，是国家发展的一个新的动力源。项目位于永定河北岸，地处京津冀中间位置，距离天安门广场46km，距离北京城市副中心54km，距离雄安新区55km，距离天津市区81km。2018年9月正式命名，项目纵剖面透视如图1-1所示。

按照总体规划，北京大兴国际机场远期容量为每年1亿人次以上，分为南北两个航站区，本期建设的北航站楼及配套设施先期满足4500万人次，在增加随后建设的南侧卫星厅后，可达到7200万人次的北航站区容量目标。

机场外部交通由新建机场高速路、机场北部横向联络线及由其引入的既有京台和京开等4条高速公路，与南北走向的新机场快线和京雄城际线、东西走向的廊涿城际线等3条轨道线共同组成"五纵两横"的交通网络（图1-2），集中汇聚于航站楼前。具备了强大的民航运输能力和通达的外部交通条件，北京大兴国际机场将成为新的航空枢纽和综合交通枢纽，发挥服务北京、辐射周边、带动区域协同发展的综合功能（图1-3）。

北京大兴国际机场本期建设4条跑道，航站区位于间距2380m的东一和西一跑道及其平行滑行道之间。航站区是机场的核心功能区，直接服务于航空旅客，其规

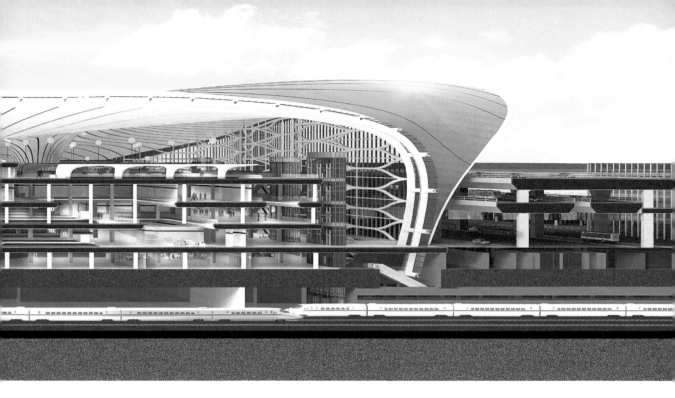

图1-2 "五纵两横"交通网络

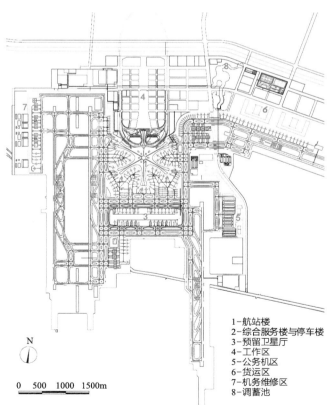

1-航站楼
2-综合服务楼与停车楼
3-预留卫星厅
4-工作区
5-公务机区
6-货运区
7-机务维修区
8-调蓄池

图1-3 航站区规划总平面图

划设计的基本问题在于如何应对每年7200万人次的客流量，这是目前一次性建设航站设施的最大设计容量，既要满足大量飞机停靠、交通接驳、旅客处理、行李处理等多种设施的综合排布，又要合理控制航站楼的总体建筑尺度、技术系统规模和旅客步行距离，此前没有同等规模的机场经验可以借鉴。

面对这个具有挑战性的题目，在航站楼方案招投标阶段，多家设计单位提供了多种解决方案，包括单楼集中、两楼并置、四楼对置等模式，代表了对超大容量航站楼进行分合处理的不同思路，其中单楼集中式还有多种不同的指廊布局方案。最终确定的方案由集中的航站主楼和6条互呈60°夹角的放射指廊组成（包括5条候机指廊和1条配套服务指廊），以简单直接、近乎图示化的方式诠释了"集中式"这一概念，并刷新了单一航站楼的设计容量纪录。

面对超大的设计容量，航站楼首次采用了双层出港高架桥及楼内双层出港厅布局，到港功能也分为国内和国际双层布置，为大量的车辆停靠、值机办理、检查通道、行李处理等流程设施布置提供了必要条件，并控制了主楼平面尺度。以5条放射指廊接驳飞机，在近机位数量和最远登机口步行距离之间取得了良好平衡。

除78万m²的主体航站楼及综合换乘中心外，航站区还包括了楼前双层高架桥和地面道路、地下轨道车站、综合服务楼、两座停车楼和制冷站等交通及配套项目，共同组成了一个建筑功能和技术系统都紧密衔接的大型交通枢纽综合体，总建筑面积约143万m²。

在航站区北部，连接外部道路交通的主进出场路采用了高架形式和开放的U形布局，东西高架路间距为1000m，让出中轴区域供多条轨道从地下垂直接入航站楼前。U形高架路围合了机场的主工作区，采用密路网、小地块划分，中部利用轨道上盖区集中布置工作区的服务配套和人防停车设施以及景观绿地。

1.1.1 航站区规划与建筑构型

航站楼和综合服务楼6条指廊外轮廓由一个外包圆和6个相互切割的正圆定位（图1-4），7个圆的直径同为1200m，控制了600m的指廊中线长度，并根据内部空间需求，控制了44m的最小指廊宽度和110m的指廊端头宽度。航站楼陆侧外轮廓主要依据所需车辆停靠长度和流程设施排布确定，同样以曲线定位，在主楼北侧提供了约400m的面宽和185m的进深。

5条候机指廊划分出4片停机港湾（图1-5），加之放大的指廊端部，共布置50座登机桥，接驳了79个近机位。每片港湾都有3条E类飞机滑行道，以一进两出的方

图1-4　航站楼构型生成

式运行，相邻指廊交接处以100m的大半径圆弧倒角，缓解了港湾底部的局促尖角，并可排布E类大飞机，经站坪运行模拟和相似实例类比，验证了港湾底部飞机也可以顺畅运行。在5条候机指廊中，南侧1条为国际、东西两侧4条为国内，近机位分配符合国际占20%、国内占80%的容量预测，在国际-国内交界的东南和西南指廊根部设有可切换使用机位，为未来国际近机位的增长和国内-国际接续航班的流程衔接提供条件。国际在中间、国内在两边的近机位排布，对应于航站楼国内功能分东西两区运行的内部格局。

400m长的陆侧接驳面虽基本满足航站楼4500万人次容量下的高峰时段车辆停靠，但不能满足7200万人次的需求。这样的判断不仅有测算数据的依据，还可从现有四五千万容量航站楼的实际运行状况直观地看到。因此双层出港车道的设置是很有必要的。双层车道对应楼内两个出港层，如何匹配楼内外这些运行资源是一个新课题。按国际和国内分层是可能的选择，但两层值机厅的辅助设施需重复设置，且大巴车因国内和国际旅客混乘也难于选择上下层车道。最终确定的分配方案是四层作为国际和国内传统值机以及国际出发联检，三层作为国内无托运行李旅客出发以及国内安检，基于电子值机和无行李商务旅客比例日益增长的趋势，形成了"国内快捷出港层"这一具有创新性的功能组织方式。

图1-5 航站楼各楼层透视

1.1.2 功能与流程组织

四层值机大厅标高19m，共设有9座值机岛，提供了300个柜台位置，可选择人工和自助两种办票和行李托运服务。值机岛分3组布置，中间5座为国际，东西各两座为国内，按航空公司联盟分区使用（图1-6）。国际旅客值机后直行通过海关、安检，再经连桥前往主楼南区出境边防现场（图1-8）。两侧的国内旅客值机后则需下行前往三层安检现场（图1-7）。

三层平面（图1-9）北区连接着下层高架车道，电子值机且无托运行李的国内出港旅客进入航站楼后可直接前往安检现场，简短的流线和平层的安检都体现了"国内快捷出港层"的便利（图1-10）。主楼两端设有头等舱和商务舱专用值机区，三层车道留有专用入口，同样按航空公司分区使用。三层南区是国际出港（图1-11），旅客经过四层边防下至商业区，再分流去往中指廊的纯国际登机口或两侧指廊可转换机位的国际登机口。

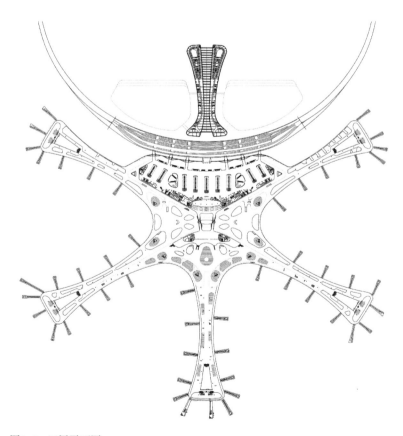

图1-6 四层平面图

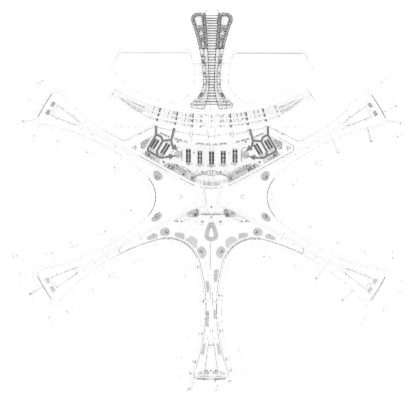

图1-7　四层国内出发流线

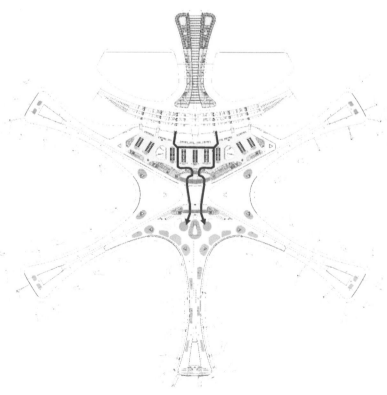

图1-8　四层国际出发流线

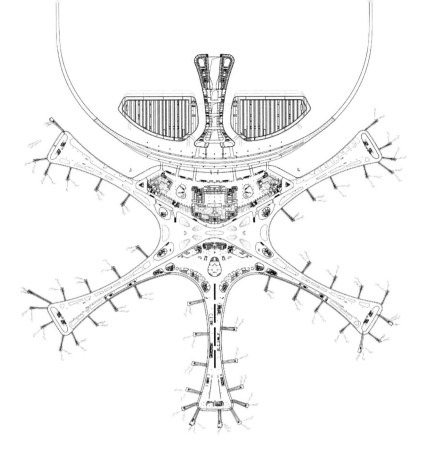

图1-9　三层平面

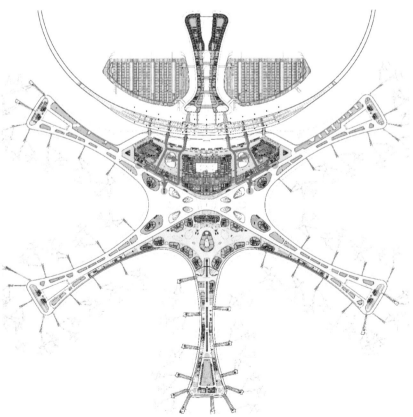

图1-10　三层国内
出发流线

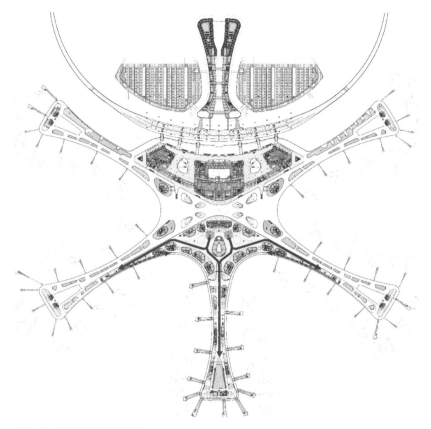

图1-11　三层国际出发流线

　　二层平面（图1-12）中指廊外侧是国际到港通道（图1-15），旅客前行至核心区分流，到港旅客下行去往首层入境现场，中转旅客则进入旁边的中转中心。中转中心集合了国际-国内互转和国际间中转3种功能，在中心区平层设置专用中转现场，有效缩短了转机距离和时间，为机场的枢纽运作提供了便利条件。二层两侧4条指廊及中心区两片商业广场是国内进出港混流区，出港旅客经过三层两处安检或地下一层轨道站厅安检，由3点进入中心商业区，再分流去往指廊（图1-13）。到港旅客则从4条指廊汇集至中心区，由东西两个入口进入行李提取厅（图1-14）。国内进出港同层混流，简化了楼层设置，方便了中转连接，进出港旅客共享商业服务设施，增加商业客源并集约设施配置。二层国内迎客厅设有两条人行廊桥，向北连接停车楼等交通设施和综合服务楼。停车楼车位约4300个，分为东西两座，中间的综合服务楼近端为平层商业街和上层办公，远端为一座有550个自然间的机场酒店，为航站楼提供近距离的商务和住宿服务，并成为第6条陆侧指廊，与航站楼组合成完整的建筑构型。

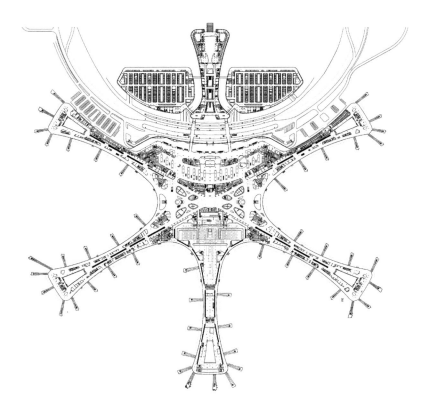

图1-12 二层平面图

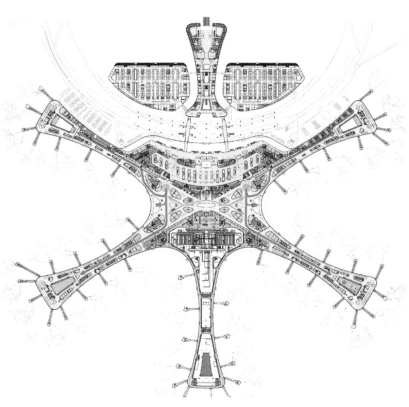

图1-13 二层国内出
发流线

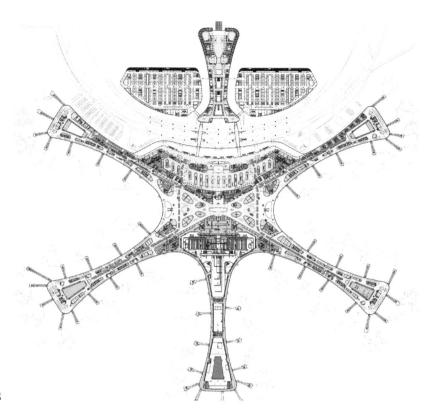

图1-14　二层国内到达流线

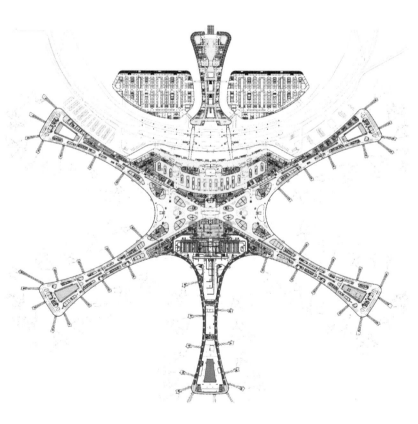

图1-15　二层国际到达流线

首层主要旅客功能包括中部国际入境现场、行李提取厅和迎客厅（图1–17），东西分布的国内远机位候机厅、长时候机旅客休闲服务区（后期开放），以及北侧两条指廊面向陆侧的贵宾专区和计时酒店等。航站楼外地面道路由近及远依次设置机场大巴、出租车、社会大巴、网约车等接站道边，主楼两侧分设市域和城际长途站，候车厅布置在航站楼内部。充分利用主楼延展面长度和最便利的楼边车道资源，近距离分布站点是航站区的地面交通布局特点（图1–16）。

航站楼地下共两层，主要功能是连接轨道交通，预计担负机场总旅客量的30%。所有轨道均垂直于航站楼布置，地下二层站台标高–18.000m，自西向东依次排列京雄城际高铁、新机场快线地铁、R4线地铁、预留线地铁、廊涿城际高铁，5条线路共8台16线，站台区总宽度约270m，除预留线为尽端站以外，其他4条线路均贯穿航站楼向南延伸。两侧高铁线采用两列岛式站台（京雄高铁站台间还有1对高速正线通过），中间3条地铁线采用两列侧式站台，以上下行直线并列为主的线路布置，利于车辆顺南北向平行柱网下穿航站楼，减少因曲线轨道产生的结构转换（图1–18、图1–19）。

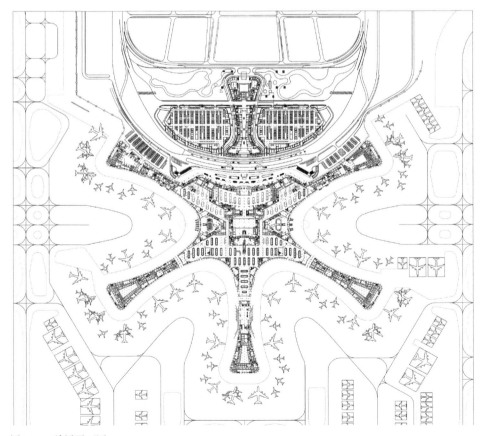

图1–16　首层平面图

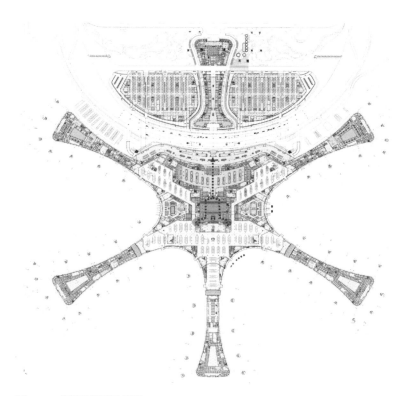

图1-17　首层国际到达流线

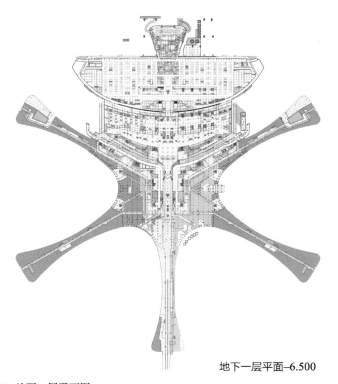

地下一层平面−6.500

图1-18　地下一层平面图

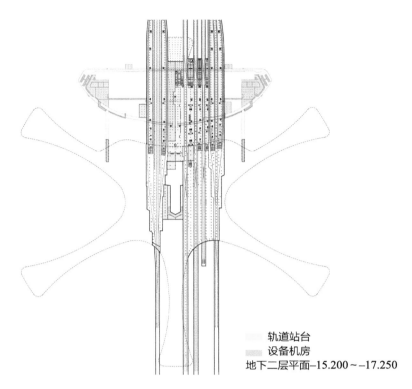

轨道站台
设备机房
地下二层平面-15.200～-17.250

图1-19　地下二层层平面图

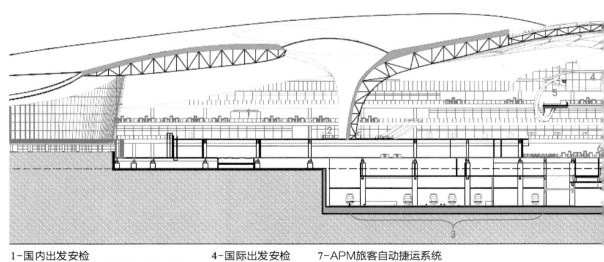

1-国内出发安检　　　　　　　4-国际出发安检　　　　7-APM旅客自动捷运系统
2-中央商业峡谷/国内出发到达混流区　5-峡谷钢连桥
3-京雄铁路　　　　　　　　　6-国际入境现场

图1-20　航站楼核心区横剖图

5条线路的所有列车均抵临航站楼北轮廓线停靠，前往航站楼的出站旅客在站台最南端乘坐扶梯电梯上达地下一层，即进入位于航站楼内的轨道换乘大厅，面向各线路出站口设有多组扶梯、电梯，旅客可直达航站楼上部4个楼层（图1-20）。在扶梯、电梯组的后部设有值机柜台和安检通道，国内出港旅客在换乘大厅即可完成所有出港手续，乘扶梯、电梯直达航站楼二层中心区及各指廊登机口，未来还可平层进入捷运站台前往卫星候机厅。近距离的轨道站台、充足的竖向交通设施和轨道站厅内机场出港设施的设置，使轨道交通与航站楼之间达成了非常方便的换乘条件，打造空铁一体的综合交通枢纽。由于轨道站台较长，各条线路还设有辅助的北出站口，北出口位于停车楼范围内，旅客在地下一层转换到中部的竖向交通厅上达综合服务楼二层，再通过商业步行街去往航站楼或机场酒店。

　　轨道进站和出站旅客在换乘厅内分流进行组织。高铁候车厅和地铁安检过厅均位于各出站口后方，两条高铁的进站口从带状换乘厅的两端进入，机场快线和R4线地铁的进站口从中部的停车楼连接通道进入，均与面向航站楼的出站口分开布置，连接首层交通厅的自动扶梯还进行了细化分流组织，尽量避免进出站双向客流的交叉，及进站返城客流对站厅内出港值机-安检区的干扰。

　　综上，针对航站楼的集中放射构型、超大设计容量、多条轨道贯通等主要特征，相应的功能组织要点包括：双层高架桥和出港层，值机-安检设施多层分布，

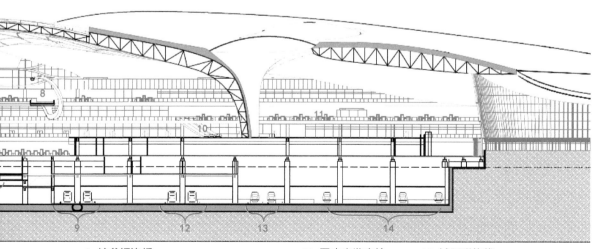

8-峡谷钢连桥　　　　　　　　　11-国内出发安检　　14-城际联络线
9-机场快轨　　　　　　　　　　12-R4/S6线
10-中央商业峡谷/国内出发到达混流区　　13-预留

国内分东西两区运行，国内进出港混流，集中设置中转设施，围绕航站楼分布道路交通站点，轨道交通与航站楼相互融合。在高度集中的航站楼内以立体叠加和分区组织的方式，灵活布局了充足的流程设施和便捷的流程线路，满足了7200万人次的容量需求，缩短了主要功能节点的间距，整体提升了航站楼的运行效率和旅客使用的方便程度。

1.2 数字协同

1.2.1 协同设计——技术与管理平台

北京大兴国际机场航站楼是这样一个综合、复杂的超级工程，其设计工作已经超出常规建筑设计范畴，需要大量不同专业、不同领域的设计团队协同配合，共同完成。北京市建筑设计研究院有限公司（简称"北京院"）与中国民航机场建设集团公司联合体作为设计总承包单位，不仅需要自己完成核心设计工作，还需要协调内部各专业团队，整合外部设计咨询资源，统筹每一个节点的设计成果，完整地提交给建设单位，进一步指导施工，避免了多单位设计之间的脱节和低效，保证了设计成果的逻辑性和连贯性，为高效施工奠定了基础。

联合体内部设计团队分为建筑、结构、给水排水、暖通、电气、绿建、钢结构、BIM、经济、艺术等专业，超过150人；外部咨询及分包合作单位达30余家，在流程优化、结构安全验证、性能化消防设计、民航弱电设计、行李设计、捷运设计、专项技术设计等多方面展开技术合作。面对如此多的人员与团队，为了保证整体设计工作有序高效，北京院组建了有经验的核心管理团队，分布于各专业及功能区域。管理团队人员曾负责首都机场T3航站楼、昆明长水国际机场、深圳宝安国际机场T3航站楼等超大型机场的全过程设计工作，并在以往的机场设计经验的基础上，建立了一套完整有效的、适用于机场设计总包管理的协作平台和质量控制体系（图1-21）。

整个体系涉及计划、合同、组织、进度、质量等众多方面，而对于数字设计工作，很核心的一点就是协同设计平台的搭建。协同设计，形象地说就是大家共同画一张图。机场建筑的特殊性决定了两点：一是规模大、复杂度高，需要大量不同专业的人员共同工作；二是功能连续，机场建筑以旅客流线为基础，建筑整体相互关联度高，无法像常规建筑那样分解为若干个小的单体建筑处理。所以机场协同设计，一个重要的思维就是系统化设计。建筑不再按照空间进行分解，而是按照不同

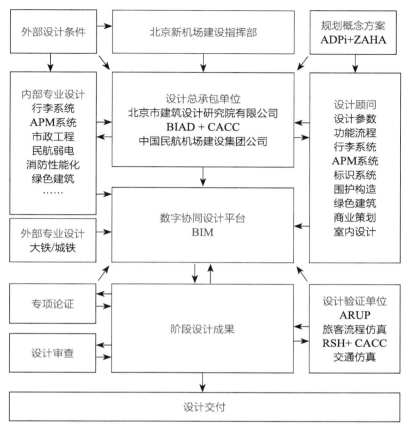

图1-21　设计总承包协同模式

的系统：比如装修设计，不是按房间去区分，而是分解为墙面系统、吊顶系统、地面系统、板边栏板系统……每个系统再进一步细分，最终墙面上每一种设备，比如广播、摄像头、消火栓等，都成为单独的子系统，每一个子系统都由相应的专业人员或团队进行设计，保证了单独系统设计的正确性与专业性。系统化的设计使得同一系统在建筑的不同部位，均能够基于同样逻辑设计，呈现出一致的外观。进而在此基础上，整个建筑也呈现出高度完整统一的面貌。

正是基于数字化的设计，使得我们可以通过文件相互参照的方式，将不同独立设计的系统，逐级整合为完整的设计，实现协同设计。每一级的设计人员，都可以及时掌握自己的设计与整体的关系，而设计总负责人也可以随时掌握项目的整体推进情况，发现系统间、局部与整体的矛盾并及时解决。

在北京大兴国际机场设计之初，设计团队就制定了详细的协同设计工作计划，参照以往机场协同设计的经验，搭建起协同设计平台（图1-22）。主要的工作包括：

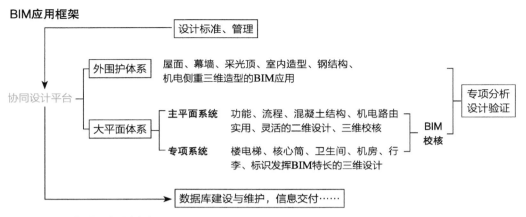

图1-22　项目协同设计平台框架

拆分系统、确定文件格式与命名规则、文件分级、制定图纸标准，搭建服务器以及分配权限等。通过不断的维护与调整，这一平台一直运行到项目竣工投运。而正是基于这样的协同设计平台，设计团队能够以极高的效率，用一年的时间，完成了航站楼从方案调整深化、到初步设计、到施工图的主要设计工作，并通过四年的施工配合，支撑项目最终精彩绽放。

1.2.2　数字设计策略与技术路线架构

在接到北京大兴国际机场航站楼的设计任务时，我们面临如此的困境，这个项目的规模和复杂程度都超越以往经验，以至于在2015年的时候，没有一个既有的设计软件或数字平台能够独立承担其数字设计工作。在这样的情况下，我们的设计团队只能基于一种适用性导向的策略：利用我们已有的协同设计平台，将一个超级系统分解为若干个相对独立的系统，并针对不同系统，采取不同的数字设计策略；再将各个系统的设计成果整合在一起，形成最终完整的数字设计（图1-23）。

具体地说，对于以曲面为主的建筑外围护体系，使用Rhino作为设计的核心平台，整合多种三维软件成果；大平面系统则使用传统的CAD平台，保证设计的效率和及时性，并阶段性地完成Revit模型搭建；对于BIM软件能够胜任的独立系统，如楼电梯、核心筒、卫生间、机房这样的独立标准组件，我们使用Revit平台，利用建筑信息化的优势，进行标准化设计，提高设计效率，同时确保这些复杂组件的三维准确性。所有设计成果通过协同设计平台，整合到大平面系统中，实时更新；同时在Rhino平台下，定期整合建筑空间信息，确保空间效果。通过这种协同工作方式，

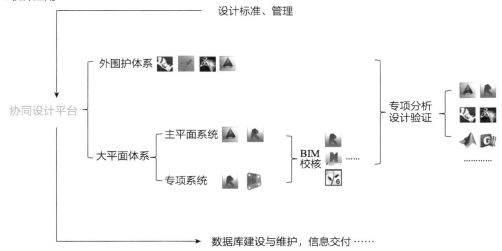

图1-23　软件平台技术架构

保证整个建筑设计同步推进，协调统一。

　　值得一提的是，考虑到外围护系统的复杂性，从适用角度出发，设计之初，我们就确定了不以二维图纸为交付介质的策略，从设计、交付，到深化、施工，始终维持在三维环境下工作，避免二维化以后的信息损失，也减少了将三维模型二维化这一部分不必要的工作量，提高了设计效率。这一策略的制定，也是基于整体建筑行业数字化水平的提高，国内高水平的制造商，都可用三维的方式与设计进行对接，我们也通过招标文件，将三维对接这一方式明确下来。然而现阶段在政策层面，还是无法支撑以数字模型作为设计依据，因此在实际工作中，还是提交了部分二维图纸作为归档依据，并进行了大量深化设计二维图纸的签认。

　　正是以一种务实的态度，不受限于软件和平台，针对不同问题，灵活地选用适用的方式加以解决，我们得以将北京大兴国际机场数字设计这一艰巨的任务，逐级分解，逐步推进完成，最终完整实现。

第 2 章

数字编织
——外围护系统数字设计

2.1 外围护系统框架

外围护系统是为建筑提供围合庇护的建筑系统与支撑结构等的总称，在北京大兴国际机场航站楼中，主要由屋面系统、采光顶系统、幕墙系统及航站楼工程特有的钢连桥、登机桥等系统构成，每个系统内逐级划分为若干个子系统，如屋面系统可进一步细分为直立锁边金属屋面主系统、屋面天沟系统、屋面檐口系统、檐口室外吊顶系统、屋面变形缝系统等（图2-1）。

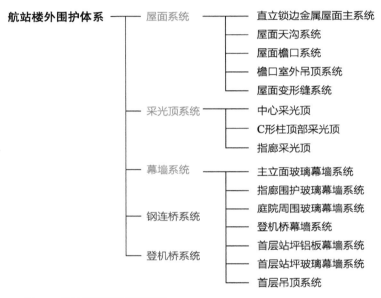

图2-1 航站楼外围护系统框架

一方面，如图2-1所示，通过系统功能和部位作为划分子系统的依据，纵向逐级简明描述了各级子系统的名称和范围；另一方面，每一级子系统同时由多专业、跨系统的多个设计组成部分横向集合而成，在设计中由建筑专业深度统筹，将屋面幕墙主钢结构设计、室内内装大吊顶设计等系统也整合进外围护系统框架中进行横向协同（图2-2）。

图2-2 外围护系统拓展

双向系统框架的搭建为我们实现北京大兴国际机场航站楼建筑的外观、内装、结构一体化设计协同打下了基础。

2.2 造型与结构的整体逻辑梳理

2015年年初，北京市建筑设计研究院有限公司作为航站楼工程设计总承包方，接手由ADPI+ZAHA HADID联合体共同完成的前期概念方案。深化设计工作伊始，团队从建筑、结构、机电等多专业同步展开对原概念方案的评估工作。联合体交付的前期造型模型，是转存在Rhino格式内的Mesh曲面表皮，由近200万块细分多边形组成（图2-3），在操作层面上已不具备可调节性，功能上近似于只读文件。团队需要从基础定位的原点开始，在延续原概念方案造型特点的同时，结合各专业评估意见，从头梳理整个航站楼建筑外围护系统的设计逻辑。

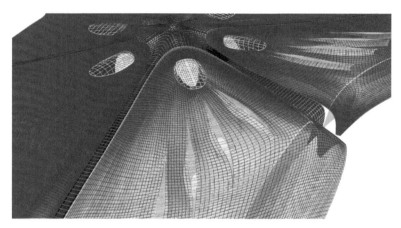

图2-3　联合体提交模型的曲面网格

2.2.1 逆向拆解的几何有理化尝试

技术路线的架构是外围护系统工作的基础，核心难点在于异形自由曲面造型的工程实现。业内较为成熟的做法可称为造型几何有理化，即把造型阶段的复杂原始曲面进行拆解，拟合成由可展曲面、二次曲面等易于几何描述的简单曲面组合而成的曲面集。这是一种用"简单"去拟合"复杂"，在逆向设计流程中"降维"的技术策略。在分析中我们发现，这一方法难以平衡工程便利与造型信息损失间的矛盾，对于未在造型阶段即充分预设分解逻辑的复杂曲面造型，如试图保持原始造型的丰富性和流畅度，过于琐碎的拆解反而会造成复杂度的激增。

图2-4 屋面南区曲面拆分拟合

以屋面基准面为例，如图2-4所示，在深化设计的早期探索过程中，将东、西、东南、西南几片屋面拆解成若干块简单曲面，这一方法得到的曲面形态不佳，在东北、西北两片更大、更复杂的屋面及曲面自由度更高的室内大吊顶曲面上更加难以适用和控制。最初的拆分尝试后，北京院设计团队尝试回到形式生成的原点，从造型逻辑生成的雏形中寻找求解问题的思路。

2.2.2 作为一种原型的C形柱

C形柱是大兴国际机场航站楼外围护系统中建筑特点最鲜明的构件。如果将C形柱视为一种建筑围护、支撑、采光的综合结构形式，则其原型最初见于德国建筑师弗雷·奥托（Feri Otto）于1997年设计的斯图加特中央车站（图2-5），方案中对C形柱的应用可以追溯到奥托对最小曲面的基础研究。2013年，ZAHA HADID事务所再次将C形柱作为一种造型语汇运用于伦敦塞克勒蛇形画廊设计中（图2-6）。

两个案例的形式语言近似，但形态生成的逻辑出发点不同，在奥托的设计中，斯图加特中央车站形态的生成过程是基于对最小曲面的研究，寻找力沿结构体表面的传播路径，奥托在研究过程中借助肥皂膜进行找形，这一过程类似于高迪在圣家堂设计中通过悬链线找形的过程，将C形柱作为一种结构单元连续规则排布，实现火车站需要大跨度空间的需求。斯图加特中央车站工程进展缓慢，直至2019年，第

图2-5 弗雷·奥托—斯图加特中央车站方案© Holger Knauf

图2-6 伦敦塞克勒蛇形画廊© ZAHA

四根C形柱才落位，C形柱通过混凝土薄壳实现。

图2-7、图2-8为2019年施工现场完成的单根C形柱，类似于20世纪40年代劳埃德赖特在约翰逊制蜡公司中完成的伞形柱实验，作为建筑的基本构成元素，单根柱在形式和结构上的成立意味着建筑围护体系基本关系的成立。

不同于中央车站的薄壳混凝土，在尺度更小的赛克勒蛇形画廊中，ZAHA HADID事务所用膜材、钢龙骨和玻璃钢实现这一造型语言，C形柱顶端的钢圈梁与檐口边缘的钢结构拉起了上下两层膜结构，檐口边缘与C形柱使用玻璃钢包覆（图2-9）。这一过程中，蛇形画廊的C形柱虽与斯图加特中央车站的C形柱形态相似，但结构逻辑不同，钢结构C形柱作为钢性支撑为内外表皮的柔性膜材提供了拉结生根的条件，中央车站中C形柱作为连续张力表面的结构特性并未被利用。简而言之，从结构逻辑分析，蛇形画廊的C形柱近似于一根不完整断面的空心立柱，而中央车站的C形柱则是连续表面的一部分。

图2-7 斯图加特中央车站施工现场

图2-8 约翰逊制蜡公司单柱承载力实验

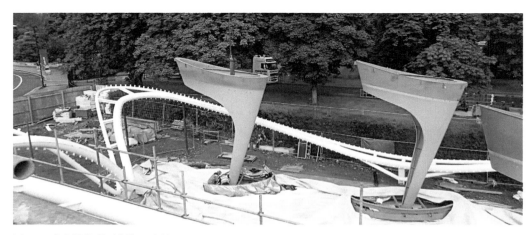

图2-9 塞克勒蛇形画廊施工过程© SH Structures

2014年，ZAHA HADID事务所将C形柱作为一种造型元素带入了北京大兴国际机场的设计中。在联合体提交的结构设计方案中（图2-10），C形柱作为网架屋面的支撑结构，与南区四片屋面的三角形的浮岛顶支撑筒、北区值机厅立柱在结构逻辑上均类似支撑网架的"巨柱"。在正交排布的网架形式下，一定程度上讲，C柱、立柱、支撑筒等几种支撑形式是可以相互替换的。

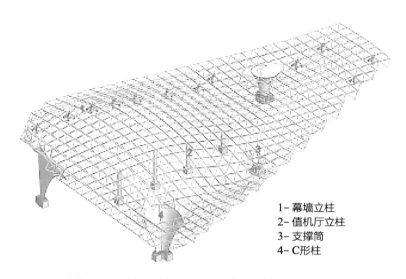

1– 幕墙立柱
2– 值机厅立柱
3– 支撑筒
4– C形柱

图2-10　联合体提交方案中北侧大屋面的钢结构布置方案

回顾C形柱的沿革历程我们可以看到，作为一种从建筑物外部表皮到内部支撑连续延展的建筑形式，C形柱在不同的结构体系、不同的材料属性下均有着不止于建筑造型的结构逻辑。在北京大兴国际机场航站楼的设计中，为适应复杂的大跨度空间需求，屋面主钢结构体系采用钢网架结构。由此，建筑设计需要解决一个命题，即建筑造型之外，在网架结构中的C形柱该以何种建构逻辑存在。

2.2.3　正向梳理造型逻辑

带着对C形柱设计历史溯源的思考，设计团队回到方案中寻找解决问题的思路，在最初面对屋面复杂的自由曲面形态，试图采用"降维拟合"的方法受挫后，团队尝试跳出工程便利性与曲面流畅度间的两难选择，不再局限于单纯的几何分析，转而尝试从屋面复杂形态的根源入手，进一步将整个外围护系统视作一个复杂系统进行整体统筹——增强内部关联，淘汰低效冗余，以系统总体效率的提升来消解复杂性。

从此策略出发，在建立动态关联的全参数化控制系统之前，首先需要回到造型逻辑的生成阶段，在原概念方案中相对独立的各外围护子系统间建立起紧密的逻辑关联。这一过程中，各专业经前期评估提出的诸如优化空间体验、增强抗震性能、降低热工负荷、争取自然采光等诉求成为了造型统筹的目标，由此展开对原方案的大幅调整优化。

首先，调转原6根C形柱的开口方向，由图2-11的向心方向改为图2-12的离心方向，平衡楼内自然采光与热工负荷的同时使6根C形柱共同组成受力更为合理的拱壳形态，与概念方案中六片独立屋面不同主钢结构网架自C形柱根部起向心交汇，自然编织出中心穹顶，将核心区6片屋面与采光顶拉结起来，在建筑外观与结构体系上均融合为一个整体。同时，原四层值机大厅中每侧4根立柱替换为1根直落二层行李厅的巨大C形柱，原幕墙处的对位结构柱也分散为空间受力的蜂窝柱，提供更强有力侧向支撑的同时在体量上消隐于次级幕墙结构，使整个核心区内部形成仅依托8根C形柱的大跨空间。一系列多专业整合将航站楼构建为一个深度关联、工程可控的复杂系统打下了结构性基础（图2-13、图2-14）。

图2-11　调整前横剖面结构关系

图2-12　调整后横剖面结构关系

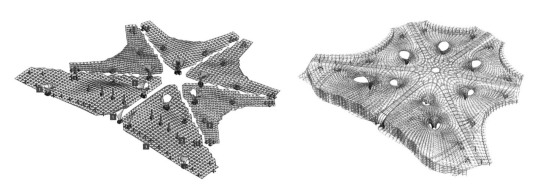

图2-13　联合体提交方案中的核心区结构模型　　　图2-14　重新设计的核心区结构模型

2.3　数字编织主网格控制系统

几何控制是外围护系统工程实现的关键手段。在前期对方案造型与结构的底层逻辑进行梳理的基础上，团队进一步研发出一套整合屋面、采光顶、幕墙、钢结构等多专业的全参数化几何定位系统，称为"主控网格系统"。主控网格在营造建筑空间体验的同时蕴含结构逻辑，以空间定位主钢结构网架球节点为基础，可实现对外围护系统的层级控制。从可视化角度来看，主钢结构直观反映了主控网格的形态特征。

主控网格系统将异形曲面造型基准面、系统边界划分、构造层次设置等设计信息转译为几何信息，再以数据形式输出。数字设计工具上，我们选择了可与T-spline塑形与Grasshopper编程工具参数联动的Rhino作为准确描述逻辑关系的软件平台，全参数化编织主控网格。技术工具之上，主控网格系统控制力的强弱取决于其逻辑关联的深度和质量。从对每个子系统的把控，到对美感、力学、材料的逻辑抽象和提取，建筑设计需更深入地发挥其在多专业团队中的统领作用，才能建立关键、高效的参数联系，而非制造冗余。

2.3.1　基准面定义

通过定义基准曲面，在主控网格内可限定出各系统内的面域和系统间的边界。基准曲面分两种定义模式与对应系统的材料、曲面特征相适应：其一是精确几何定义，适用于以玻璃为主材料，以二次曲面为基础曲面的采光顶和幕墙系统；其二为自由曲面塑形，适用于以钢、铝等金属材料为主的高阶自由曲面的屋面、大吊顶系统。

1. 精确几何定义

以中心采光顶的几何定义为例，如图2-15所示，在Grasshopper中，通过定位基准点与圆弧端点的矢量方向，依次定义出中心球顶圆弧、中段指廊圆弧、末端庭院落地圆弧等三段基准圆弧，其中每两段圆弧间再通过Bi-Arc双圆弧相切衔接。即合计通过7段一阶导数连续的圆弧定义出主采光顶的一条剖面子午线，再沿通过中心基准点的垂直轴线旋转得到回转曲面，经相邻屋面轮廓线投影裁切得到主采光顶的基准面。在此基础上，通过分别调节三段基准圆弧的标高参数与过渡双圆弧的半径比率，我们可进一步定义屋面与大吊顶基准曲面在与主采光顶交接部位的边界（图2-15）。

再以C形柱顶采光顶的基准面定义为例，如图2-16所示，首先在平面上定义采

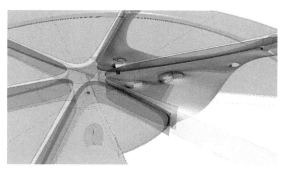
图2-15　精确几何定位

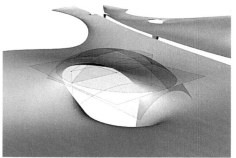
图2-16　C形柱顶几何定位程序模型

光顶基准曲面4个基准点：近心点（航站楼几何定位中心）、远心点和两个轮廓象限点，分别将4点在空间中的高度作为参数赋值，在空间中取对应两点中点并对高度赋值，由此由三点定义圆弧，得到基准面上的长短两轴及反向长轴，通过扫略、裁切等几何操作得采光顶基准面及边缘，并在此基础上进一步定义边缘天沟等子系统定位。

2. 自由塑形

精确几何与自由曲面间的关系类似街头艺术表演者手中的金属框和拉起的肥皂膜——前者是稳定的边界，后者则是内部自由变换的曲面（图2-17）。为实现高质量自由曲面塑形，我们引入工业设计中的T-spline曲面，相较于Rhino原生的Nurbs曲面，其大幅地减少了模型表面控制点的数目，且在Rhino平台中可以无损转化为多个Nurbs曲面组成的高阶连续的多重曲面。在构建T-spline曲面基准面时，通过对曲面形态的拓扑分析，最少化布置结构线数量，合理布置曲面奇点位置，同时，结构线的位置也与外围护系统中建筑、结构的主要定性约束条件相配合，从而实现有效的调节。

3. 曲面层次

建筑外围护屋面系统设为5层基准面，如图2-18所示，从外到内依次为：1号屋面装饰板完成面基准面、2号屋面防水层基准面、3号主钢结构上弦球节点中心点基准面、4号主钢结构下弦球节点中心点基准面、5号吊顶完成面基准面。我们通过T-spline曲面定义1号和5号基准面，由1号曲面向内偏移得到2号、3号曲面，由5号曲面向内偏移得到4号曲面，不同部位的偏移距离受屋面、吊顶构造做法预留高度的控制。3号面与4号面的Z轴间距，即主钢结构上下弦间的结构高度受大跨度空间结构的需求而连续变化。

图2-17　艺人手中的巨型肥皂泡

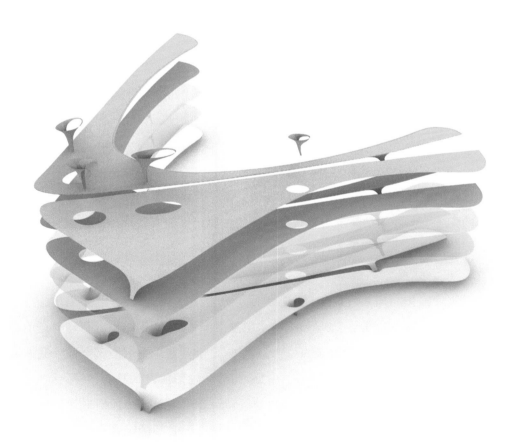

图2-18　自由曲面基准面，从上至下为1号面至5号面

2.3.2 数字编织主控网格

在编制主控网格工作中，首先需要主动寻找约束条件，将其视为形成秩序与建立关联的必要条件。约束集中于各系统交接位置，如主钢结构与土建混凝土楼层间10根C形柱、12处浮岛顶支撑、12处下卷落地位置的交接，以及幕墙系统间542处幕墙柱等（图2-19）。

分散在航站楼各处的约束条件需要一条线索串联起来。建筑师在对曲面拓扑关系的分析中注意到，曲面结构线分布和重力、电磁等矢量场有一定的形态相似性，如参考电场布置结构，将C形柱视为场域的极点，则网架中的径向杆件类似于电场中的电场线，环向杆件近似于等势线。以此类推，在结构逻辑上也有可借鉴之处：电场中极点附近电场线密度增加，钢结构中C形柱处荷载也最集中；电场中沿电场方向电势的降低速度最快，如以此布置结构杆件，相较于正交网格，力的传递路径也会更短、更直接（图2-20）。

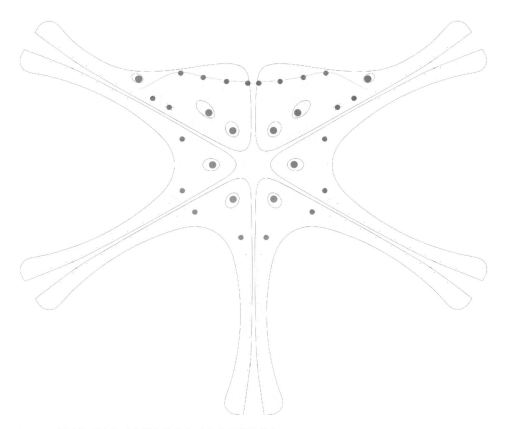

图2-19　外围护系统主要支撑点位分布（未表现幕墙柱）

图2-20　核心区径向主网格示意

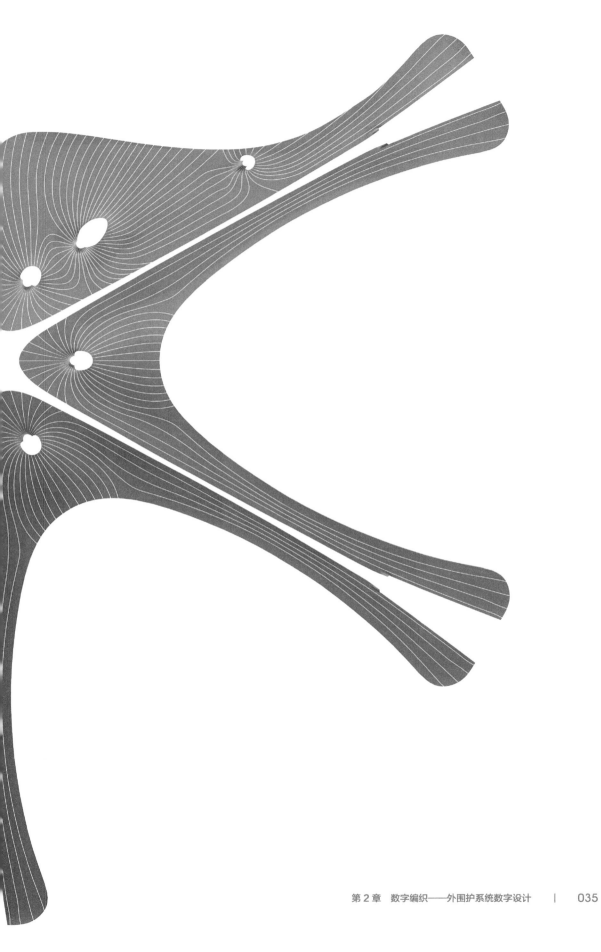

综上所述，建筑师将定性的受力分析、审美判断与量化的约束条件相结合，共同编织主控网格，以求工程之利、逻辑之美。在主控网格程序中，将网格中的曲线按径向与环向划分，并进一步按约束特征编组：所有径向曲线都从C形柱底部发出，或联通另一根C形柱，或向外寻找对位幕墙柱，或向心汇聚编织出采光顶；环向曲线则与径向曲线相互约束，且均受控于T–spline基准面上的控制点。建筑师将其复杂的逻辑关系在Grasshopper中通过6000余个电池（Grasshopper中的命令编辑器）及上百个可调参数建立起来（图2–21），在计算机程序中完成了主控网格的搭建。在紧迫的设计周期中，主控网格系统的高效性即得到充分展现，任何基准曲面的局部调整，构造距离的变化，都能在全局得到迅速响应，实时更新输出数据（图2–22 ~ 图2–24）。

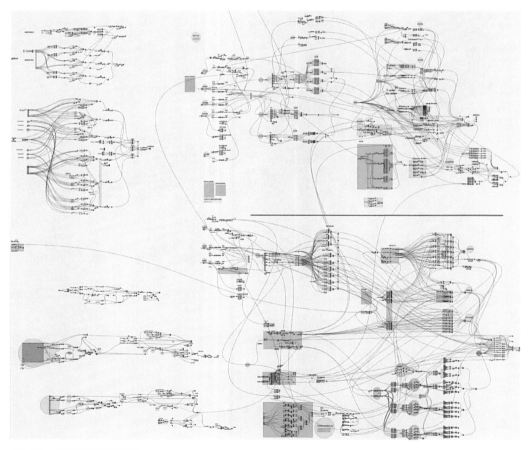

图2–21　主控网格程序截图一

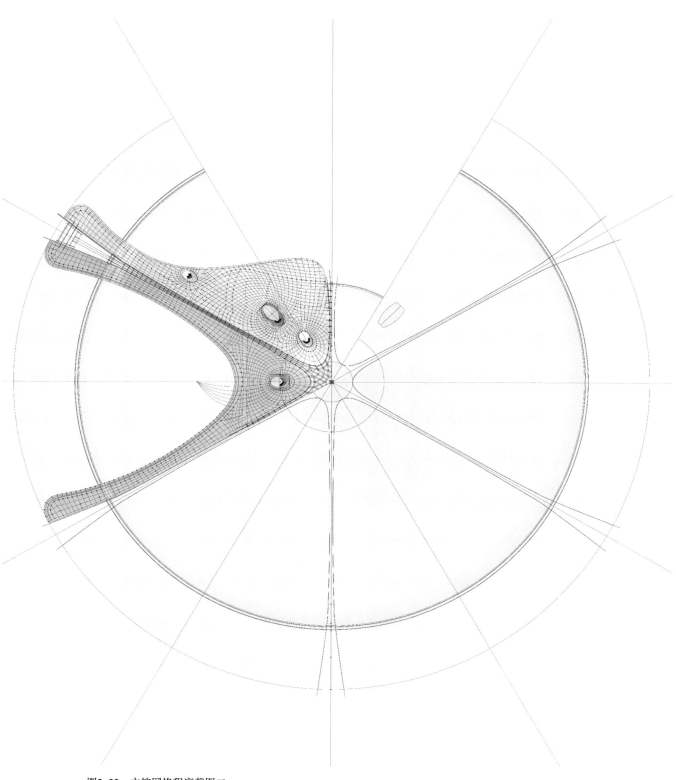

图2-22　主控网格程序截图二

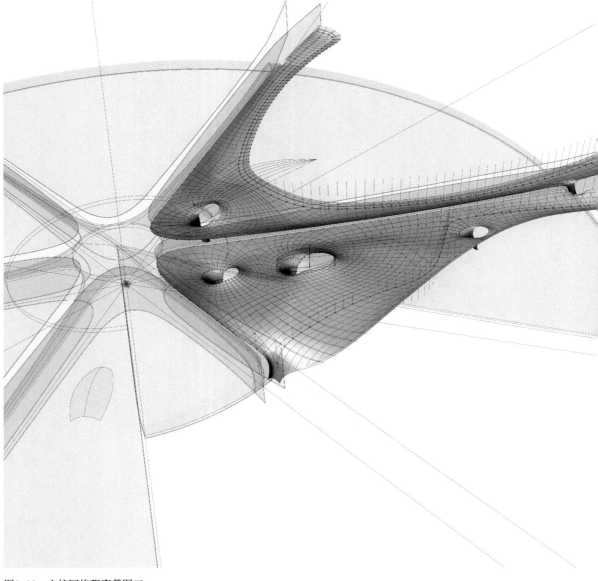

图2-23 主控网格程序截图三

2.3.3 主钢结构网架

从最初的体系分析直至主钢结构空间定位，建筑与结构专业在设计的各个阶段保持着紧密的配合。屋面主网格控制系统定义了主钢结构球节点的空间定位，在此基础上，结构专业对上、下弦杆和腹杆三种类型的杆件分别进行创建，并赋予材料和截面属性后，形成了可供结构计算用的屋盖网架模型。航站楼屋盖投影面积约35万m²，指廊端头间距1200m，航站楼屋盖钢结构划分为6个部分，分为主楼中心区及五个指廊区[1]。其中最大的中心区投影面积18万m²，各类杆件63450根，各类球节点12300个。

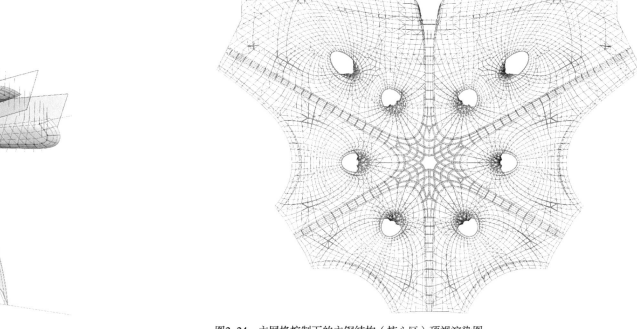

图2-24　主网格控制下的主钢结构（核心区）顶视渲染图

　　在连续的自由曲面形态下，针对局部结构高度的微小调整都会涉及周边大范围内数以千计的球节点空间高度产生不同程度的变化，如果使用传统的设计方法，带来的调整工作量是在紧凑的设计进程下无法简单地用人力解决的，但在主网格程序控制下，屋面核心区上万个球节点的空间坐标都可实时更新，结构专业也通过程序的控制，同步所有相同编号球节点的坐标更新。

　　为验证网架的整体性能，结构专业在软件中进行了大量的模拟和计算来进一步验证。其中中心区屋盖钢结构在1.0恒载+1.0活载下，最大变形378mm，最大挠跨比1/352，满足规范挠跨比小于1/250的要求；悬挑端挠度118mm，挠跨比为1/286，满足规范悬挑段挠跨比小于1/125的要求。一系列的结构分析结果表明，主钢结构网架的整体结构在稳定和承载力上均有良好的性能。主控网格实现了建筑效果和结构性能的内在统一（图2-25、图2-26）。

图2-25　钢结构网架现场照片一
（图片来源：王亦知 摄）

图2-26　钢结构网架现场照片二
（图片来源：王亦知　摄）

2.4 数字协同下的层级深化

主控网格在底层逻辑上实现了航站楼外围护系统的外观、内装、钢结构的关联整合。系统效率的提升直接作用于29万 m^2 异形曲面屋面系统（图2-27），32万 m^2 大吊顶系统的构造深化：檩条层主次龙骨得以紧密依托主钢结构整合布置，节省了大量的转换构造（图2-29）；防水层排水分区划分与天沟、虹吸排水系统构造同样在主控网格控制下展开（图2-28）；在层级深化的末梢，我们通过对内外表皮面板重复率、平板率的控制在微观层面进一步消解复杂。

航站楼屋面整体被采光顶分为六个相对独立的单元，北区2片屋面东西向对称，南区4片屋面沿中心点环向对称（北侧两条指廊变形缝位置不同）。屋面随钢结构设5处变形缝，将中心区与指廊分开。图2-30～图2-35可见在主网格的控制下，屋面装饰板层与主钢结构的叠加关系。装饰板以下各层如直立锁边防水层、虹吸雨水系统、檩条层等各层次也均在主网格的控制下设计。

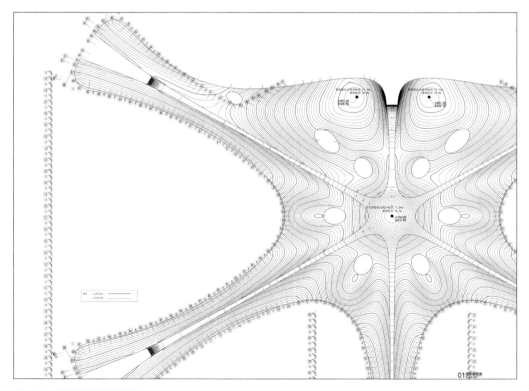

图2-27 屋面等高线分布图

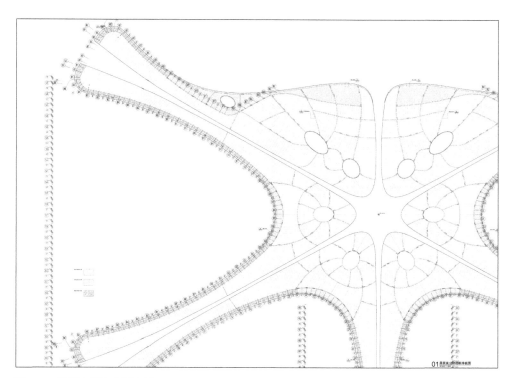

图2-28 屋面金属防水层布置

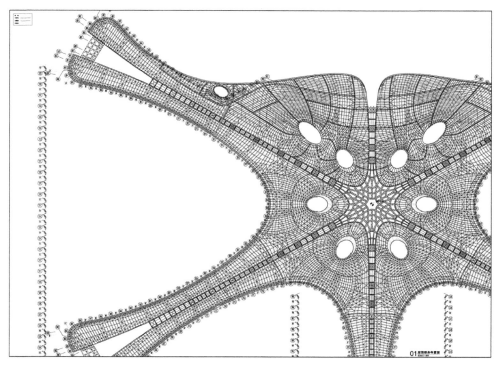

图2-29 屋面檩条布置

图2-30　主网格控制下的屋面主钢结构

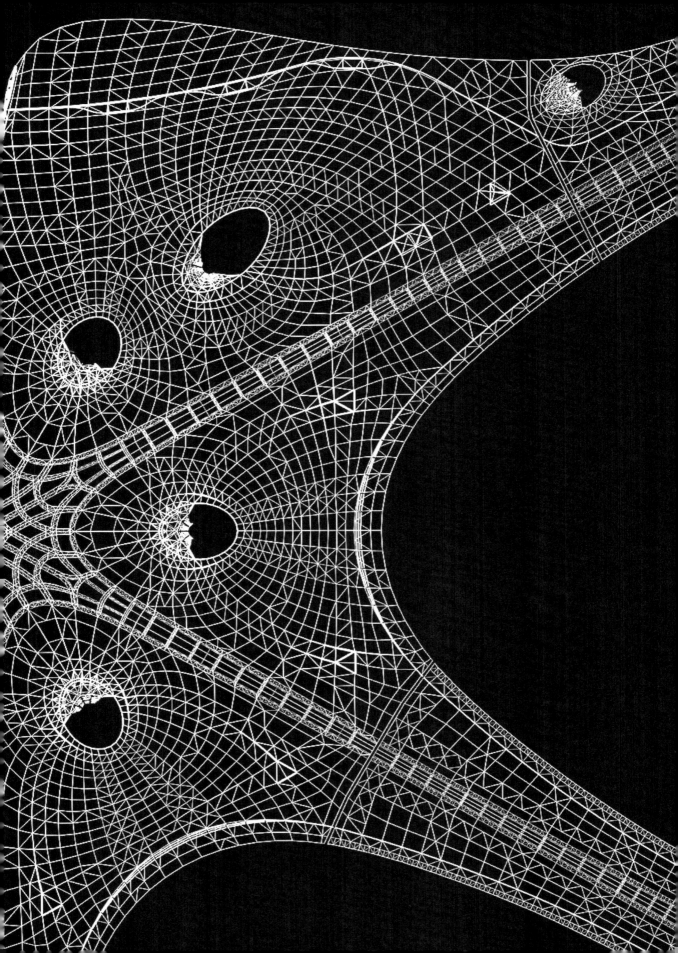

图2-31　主网格控制下的屋面主钢结构与装饰板

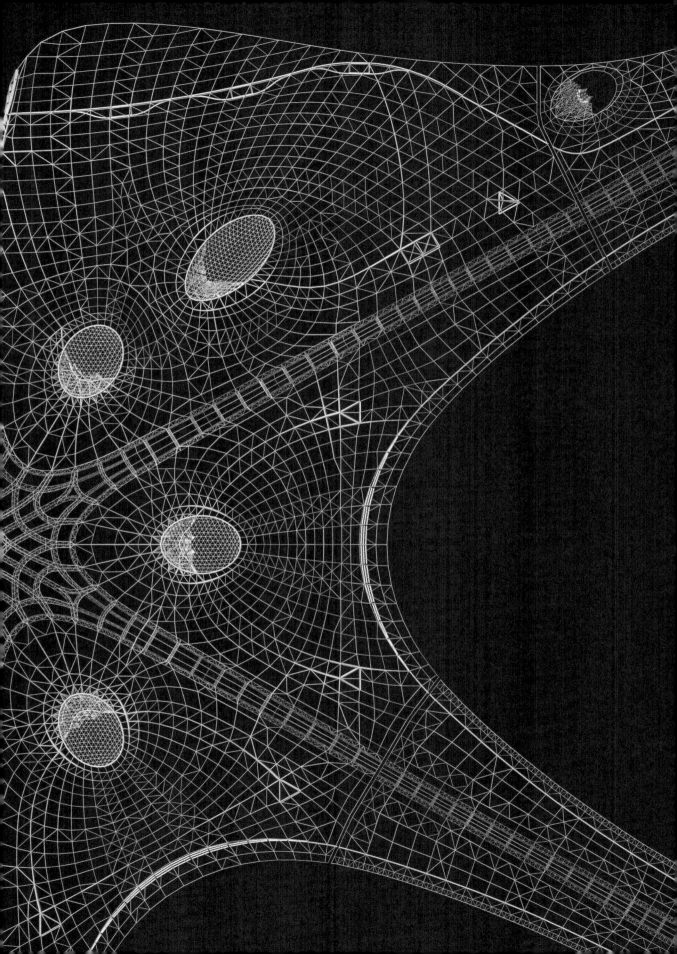

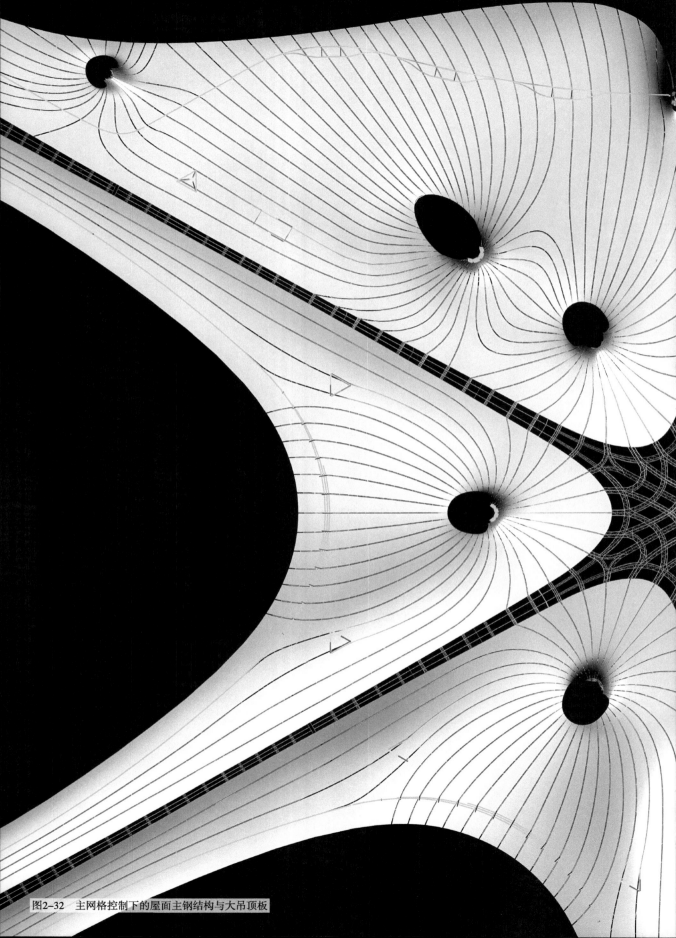

图2-32 主网格控制下的屋面主钢结构与大吊顶板

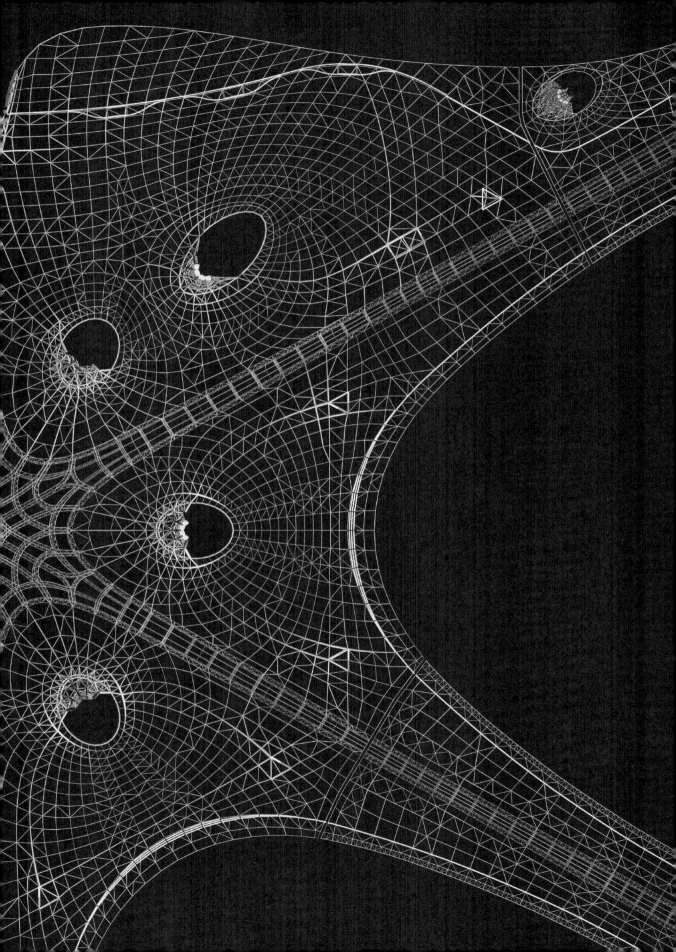

图2-33 施工中的航站楼外围护主钢结构
（图片来源：王亦知 摄）

图2-34　封围后的航站楼屋面防水层
（图片来源：王亦知　摄）

图2-35 建设完成的航站楼屋面
（图片来源：王亦知 摄）

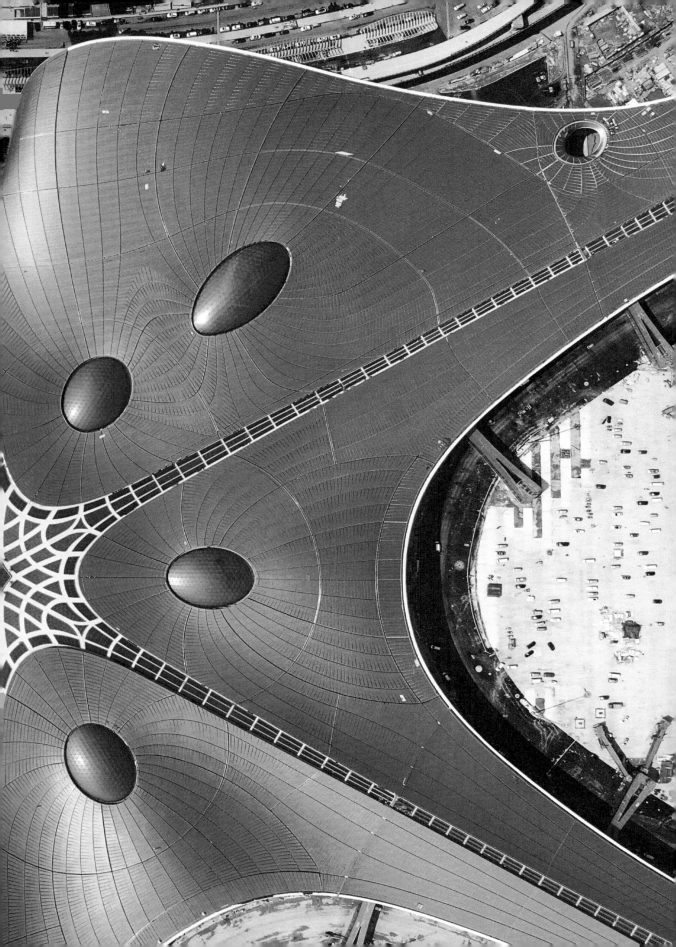

2.4.1 围护系统各层次

如图2-36所示，屋面设为5层基准面，从外到内依次规定为：①屋面装饰板完成面基准面；②屋面防水层基准面；③主钢结构上弦球节点中心点基准面；④主钢结构下弦球节点中心点基准面；⑤吊顶完成面基准面。我们通过T-spline曲面定义1号和5号基准面，由1号曲面向内偏移得2号、3号曲面，由5号曲面向内偏移得4号曲面，不同部位的偏移距离受屋面、吊顶构造做法预留高度的控制。3号与4号面Z轴间距，即主钢结构上下弦间的结构高度受大跨度空间结构的需求而连续变化。

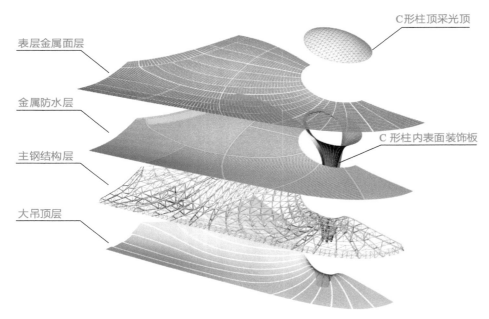

图2-36　屋面各层次轴侧展开图

5层基准面间的间距受构造及结构需求设置，其中1号面与2号面，即装饰板完成面与防水层基准面间的间距为400mm；2号面与3号面，即防水层基准面与主钢结构上弦球节点中心点基准面间的间距为1100mm；4号面与5号面，即主钢结构下弦球点中心点基准面与吊顶完成面基准面间的间距在C形柱及周边范围内为550mm，在C形柱周边范围以外的其他区域为750mm。

2.4.2 主屋面系统构造

航站楼屋面总屋面展开面积29.1万m²，由以下子系统组成：①直立锁边主屋面子系统；②屋面檐口子系统；③屋面天沟子系统；④室外吊顶子系统。其中直立锁边主屋面系统构造采用了双层金属屋面系统，上层金属装饰板的设置使得下层直立锁边防水层的布置能以最短、最有利的排水方向自由布置，同时，双层通风屋面有显著的节能、降噪性能，在构造上也加强了下层直立锁边层面板的抗风揭性能。如图2-37所示，自主钢结构以上各构造层次为：

（1）屋面主檩条。

（2）屋面次檩条。

（3）0.8mm厚镀铝锌穿孔压型钢板。

（4）无纺布，0.6mm厚PE隔汽膜。

（5）35mm厚玻璃丝绵24kg/m³。

（6）60mm+60mm厚保温岩棉，错缝铺设，容重180 kg/m³（挑檐部位无）。

（7）2.5mm厚几字形檩条及支撑件。

（8）1.5mm厚TPO防水卷材。

（9）0.8mm厚PVDF镀铝锌压型钢板。

（10）装饰板钢骨架。

（11）25mm厚复合金属装饰板。

对于30万m²屋面的安全性，进行了专项验证。为保障屋面抗风揭性能，我们运用数字手段全程辅助分析，在前期分析阶段，运用CFD模拟全场风环境，同时，在中国建筑科学研究院和同济大学两个建筑风洞实验室测试核准了航站楼基本风压系数，并以此为依据选择抗风揭性能优异的双层金属屋面构造，为验证构造可靠性，

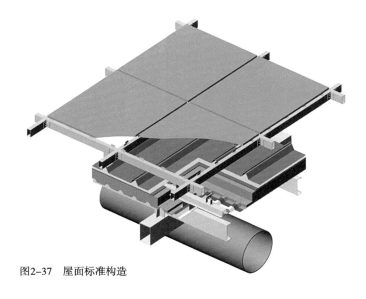

图2-37　屋面标准构造

除数字模拟计算分析外，我们先后在绵阳中国空气动力研究中心测试了16级真实强风下构造试件的可靠性，并在珠海专项实验室内进行了构造系统的疲劳测试与极限测试。模拟数据为实验设计提供了基础，实验结果也以数据形式分析与反馈，排查极限工况下系统隐蔽的薄弱环节。

2.4.3　大吊顶系统构造

主屋面室内大吊顶采用单元组框的安装模式，将大部分吊顶面板的连接调节工作转至地面进行，有效降低了现场施工难度，保障了施工进度。根据大吊顶基准曲面的不同部位，航站楼室内大吊顶分为小曲率吊顶与大曲率吊顶两部分，小曲率吊顶位于大吊顶顶面，板块类型以平板为主，如图2-38所示。

大吊顶小曲率吊顶板部位，与主钢结构球节点的连接方式采用了转接盘的设计，如图2-39所示，与主钢结构球节点通过杆件根部的抱箍相连，大吊顶主龙骨可利用同钢结构下弦杆空间高度布置，有效地节省了构造高度。

大曲率部位集中于C形柱部位，板块多为双曲、单曲面板，龙骨局部采用焊接与主钢结构相连（图2-40）。塑造C形柱曲面造型，并利用C形柱根部两侧空间预留屋面虹吸雨水管道空间。

图2-38　大吊顶小曲率面板单元化组框

图2-39　大吊顶小曲率面板球节点转接盘安装

图2-40　大吊顶大曲率区域龙骨与面板

2.5 智能设计探索与实践

2.5.1 从数字设计到智能设计

计算机智能，或者说人工智能，正在高速发展，改变着社会的方方面面。而在建筑设计领域，这种改变才刚刚开始。数字化的设计是基础，只有所有建筑信息数字化了，才有可能通过计算机对这些数据加以计算分析，从而实现智能设计。

在北京大兴国际机场的设计中，我们做了两个试验，引入人工智能常用的遗传算法，让电脑为设计决策提供依据。在采光顶的遮阳设计中，我们利用计算机的抽象运算能力，选择辐射和采光数据的最佳组合，从而告诉我们什么样的设计是性能最优的；在采光顶铝结构的划分设计中，计算机通过算力告诉我们，什么样的设计是最"美"的。

在此不过多地讨论哲学问题，但如果所有的建筑信息都数字化了，由计算机智能对这些数据进行处理，似乎是一件顺理成章的事情，并且会在很多方面具有明显的优势。从智能角度讲，目前"算力"已经可以满足需求，并且在不断地提升中，我们需要做的是积累"算据"，提升"算法"。人工智能的介入，不仅能够大大提高设计的效率，而且也必然改变设计的面貌，创造全新的建筑形式。

2.5.2 C形柱顶采光顶智能设计应用

北京大兴国际机场航站楼的中心区域由6根C形柱支撑，形成跨度近200m的无柱空间。加上值机区的2根C形柱，8根C形柱在满足核心区主要支撑条件的同时，顶部采光顶还为大空间提供了良好的采光条件。巨构加采光的组合使得C形柱顶的采光顶自然成为大空间内旅客瞩目的焦点。C形柱顶的采光顶（简称"C形顶"），造型截取自椭圆球体，布置在C形柱环梁上，与屋面凹陷的造型配合，产生悬浮感。由于玻璃板块的限制，对球面进行均匀三维划分，是该设计的目标也是难点所在。另一个设计目标在于需要与吊顶控制线相适应，做到天窗控制点与主结构控制线相匹配。为实现这两个目标，我们进行了一系列技术探索。

如果直接采用三角网格划分曲面，每条分格线很难在每个点做到六向相交。我们提出的解决方法是，先建立一个两向的基础网格，在两向网格的基础上加入斜相划分。初步设计由于其双向基础网格的均匀性导致其与椭圆相交的端部会产生异形三角板块，未解决过度均匀带来的限制，深化设计依据板块的大小均匀调整边缘及中心控制点的分布，以达到边缘分板均匀的设计目标。

通过控制边缘和中心控制点，可以达到整体分板均匀，并且可以控制斜相划分的整体走势。以中心线控制点为例，我们的做法是以中心线控制点的序号为横坐标，控制点到基准点的间距为纵坐标，建立点距坐标系，通过调整点的坐标位置，形成整体趋势（图2-41）。

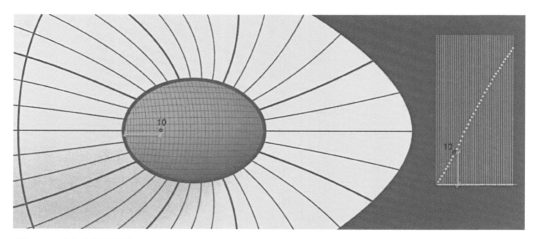

图2-41　建立控制点距离

坐标系建立完成后，为使坐标点渐变做到完全的均匀，我们引入了遗传算法（遗传算法可以简单理解为是一种模拟遗传学，以比较的方法进行优胜劣汰，从而求出最优解的算法），将点距纵坐标统一于三段混接曲线，使曲线接入遗传算法程序，自动调整其纵坐标，使点距控制点自动贴临最优曲线。这样计算出的控制点，可以做到既满足整体渐变趋势又变化均匀。图2-42为遗传算法自动计算过程。

图2-42中，左侧椭圆形是计算分板的可视化表达，右侧图表是遗传算法选取数据进行筛选的计算过程。从计算过程可以看到，计算开始时选取多组数据，通过比较逐步筛选，计算范围也逐步收敛，分板形式从不规则、疏密不均，慢慢趋于稳定匀质，达到预期效果。最终分板的计算成果的整体均匀度、板块大小规则渐变、边缘三角板块以及与结构的对位关系均已满足设计需求（图2-43 ~ 图2-45）。

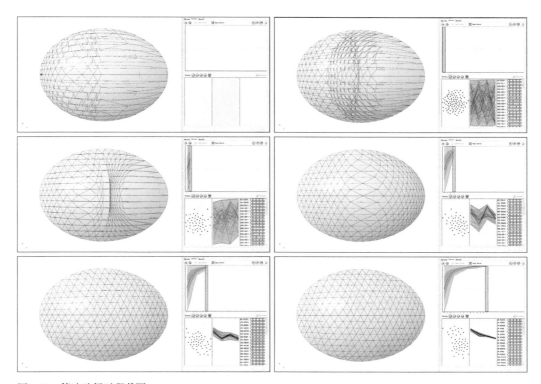

图2-42 算法选择过程截图

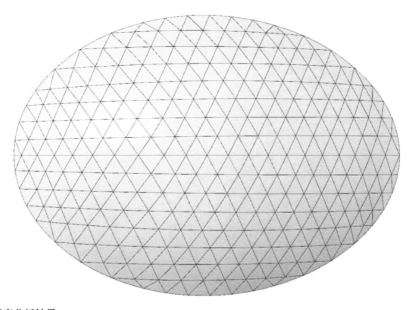

图2-43 程序分析结果

图2-44　施工中的C形柱顶部采光顶结构
（图片来源：王亦知 摄）

图2-45　施工过程中的C形柱顶采光顶
（图片来源：王亦知 摄）

2.5.3 内置遮阳网片智能设计应用

1. 研究目标

遮阳和采光是一对互斥的概念，采光顶遮阳百叶的研究同样需要在遮挡直射光透过漫射光和视线通透性三者中取得平衡。回归对采光原理的研究，采光系数的概念与遮阳网的研究目标相似，但采光系数偏向漫射光环境，本案例偏重于研究晴天有直射光的综合工况。研究参数取值夏日晴天室内外照度的比值。经过对北京首都国际机场T3航站楼、交通中心，及昆明机场航站楼采光顶的实测，以及对北京大兴国际机场的自然采光数字模拟，我们将采光顶的采光系数设定为60%左右。在此基础上，对不同百叶的直射光透过率和直射光透过率与漫射光透过率比值进行对比。选择直射光进入最少、漫射光进入最多的百叶形式。

2. 研究方法

遮阳百叶材质及安装方式，通过对耐久度、外观效果、生产工艺难度和成本的综合考虑，从PVC微孔板、不锈钢板、铝板三种材料中选取铝板作为玻璃中空层内中置百叶的基础材料。图2-46是铝板切缝拉网百叶的基本形式。通过A、B、C、X、H五个参数，可以做到对百叶厚度、开孔大小和叶片倾斜角度的控制。通过与玻璃生产厂家密切配合和多轮样品的实验，确定在16mm中空层中可以固定4mm的遮阳网片，并且不会刮伤玻璃Low-E膜。

以五个参数为控制，在Grasshopper软件中构建百叶模型，将北京5月1日~9月22日太阳高度角、方位角以及辐射照度值信息导入Grasshopper程序，与百叶共同形

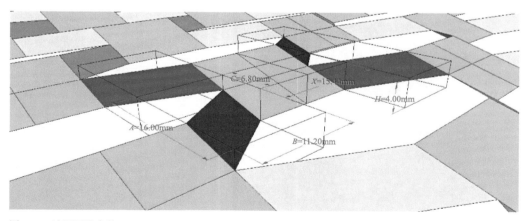

图2-46　遮阳网片参数

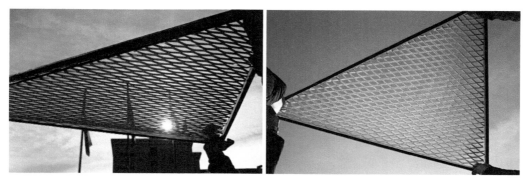

图2-47　南向遮阳、北向透光示意

成一套测试模型。测试一时间段内，不同百叶形式所形成的直射光透射率、漫射光透射率以及采光系数等指标。通过前文提到的遗传算法，结合60%采光系数以及五个参数范围，遗传算法从3101组数据中自动求出直射光/漫射光最小值的百叶参数。图2-47所示为不加百叶情况下地面照度，以及不同百叶形式对地面照度的影响。

3. 研究成果

计算出的遮阳网片，首先经过3D打印确定外观，将样品尺寸发送铝板网厂家生产，最后由玻璃生产厂家合片。生产出的遮阳玻璃样片南向迎光面与北向天光面对比，进光差异明显，实现了在不影响视线通透性的同时对直射光充分遮挡的效果（图2-48）。

样品达到设计效果后到具体施工应用时，又会遇到来自实操层面的严重阻力。新机场采光顶与指廊对应，以60°为模数有6个方向，除正北向外，东北东南指廊和西北西南指廊采光顶玻璃片可以按旋转60°重复。加入这样的网片后，由于遮阳百叶开口都需要朝向北向，新机场采光顶28500m²玻璃没有一片重复，同时加入遮阳网片，玻璃在生产镀膜合片充氩气的传统生产步骤中，需要加入人工安装铝框和遮阳网片的步骤。如果按初步设计，采光顶14474片玻璃全部应用遮阳网片，玻璃生产厂在规定的时间内将无法完成供货。根据这样的情况，我们作出相应的设计调整，将屋面边缘一榀采光顶玻璃和C形柱顶采光顶玻璃换为彩釉打点玻璃。从工程进度和造价方面，与北京大兴国际机场整体建设进度相协调。最终建成效果可以从图2-49明显看出遮阳百叶与彩釉玻璃在遮阳效果上的差别。这样的设计，从室内旅客视角看，产生了以光为屋面勾勒轮廓的效果。图2-49是施工过程中遮阳网片安装方向错误的一片玻璃，从室外侧看进光方向与其他正确的玻璃产生对比，从室内侧

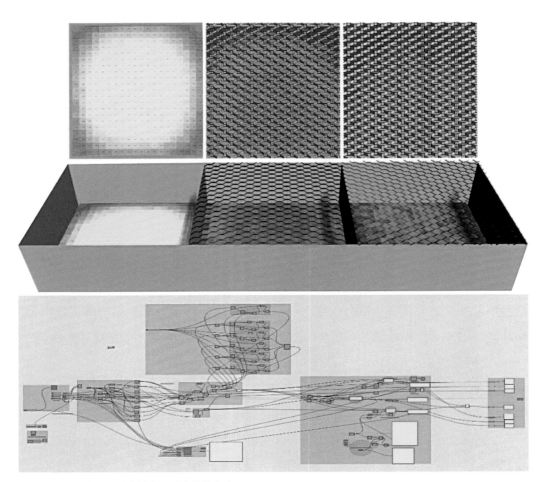

图2-48 以环境光为导向的遮阳网片计算方法

看，可以看出遮阳百叶的遮阳效果。

该项创新设计成果由清华大学牵头，北京市建筑设计研究院合作参与，遮阳板网、中置固定式遮阳板网的二层遮阳玻璃及固定装置、中置固定式遮阳板网的三层遮阳玻璃及固定装置，申请并获得了三项国家实用新型专利。

图2-49　施工过程中遮阳网片方向安装错误的一块玻璃

第 3 章

数据支持

——大平面系统数字设计

3.1 大平面系统框架与技术平台搭建

3.1.1 大平面：承载建筑基本逻辑的平台

人类的主要行动模式是基于地球表面的"二维"活动，这意味着人类的绝大部分生产生活都是围绕"平面"展开的。从这一点出发就不难理解，为何"平面图"通常成为建筑设计的核心内容与载体。机场航站楼这种建筑类型承载的功能的核心是民航业务流程，包含大量的人与物的移动要素，因此平面设计对于这种建筑类型来说就显得格外重要。平面不仅承担着组织业务流程的任务，还提供了协调建筑体系与结构、机电及各专项设备体系的基础平台，更重要的是平面是供业主、设计、建设、使用各方之间交换建筑空间信息的基本媒介。从这个意义上来说，平面设计是一种高度集成化的系统工程，平面系统设计构架的搭建逻辑性与合理性是做出好的设计成果的基本保障。

3.1.2 大平面技术平台搭建

北京大兴国际机场航站楼的功能高度集成，采用相对新异的放射型平面构型，建筑平面所搭载的各子系统设计都更为复杂，其子系统之间的关系也更加密切。在大平面设计中遇到了诸多亟待解决的课题。

课题一：多种不同尺度、属性、特征和不同设计主体单位的空间交织在一起难以分割。

对策：由航站楼设计主体牵头将各个空间整合在一起进行整体的把控，确定平面布局、基础轴网体系，并明确设计界面。

课题二：现有BIM设计软件很难解决如此大体量建筑单体的信息承载量。

对策：在一体化设计基本思路下，将大平面系统划分为主平面系统与专项系统两大类子系统。主平面系统通过传统CAD平台快速推进设计，并将阶段性成果进行REVIT模型校验，诸如卫生间、楼电梯、机房等专项子系统则充分发挥REVIT处理大量信息的能力。通过与设计对象相适宜的、有层级的BIM模型架构，使软件平台与设计进程高效匹配。

课题三：航站楼楼层少，各层范围大且布局差异大，几乎每处都需要专门设计，巨大的设计量需要一种清晰有效的组织方式拆分到不同的设计团队甚至个人。

对策：建筑的各类组件有较高的重复率，即系统性。典型组件做法可以应用到广泛区域。针对这种特点，系统化的设计方法是将整体建筑合理划分为不同的组件系统，再深入研究各系统的典型设计和变化应用规则。建筑专业首先将设计划分为基础平面、外围护、内装修三大主系统，每个主系统又包含多个分项系统。各分项系统都有专人负责，从总体布局到材料构造的全部设计内容，利用协同设计平台在基础平面上进行即时同步设计，形成"多人同绘一张图"的工作模式。基于细化分工和协同平台的系统化设计方法和BIM技术的综合应用，覆盖了航站楼设计的各专业内部及不同专业之间，并贯穿于设计全过程，有效提高了超大复杂项目的设计深度和设计效率（图3-1～图3-4）。

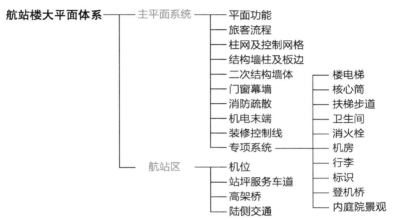

图3-1　北京大兴国际机场大平面系统技术平台框架

图3-2　大平面系统BIM建筑模型

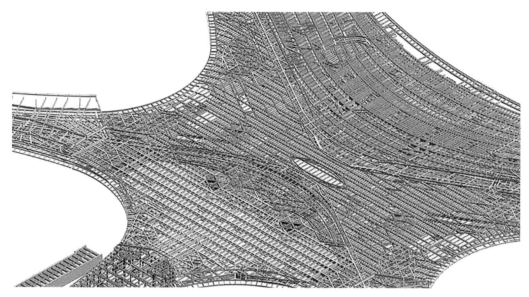

图3-3 大平面系统BIM结构模型

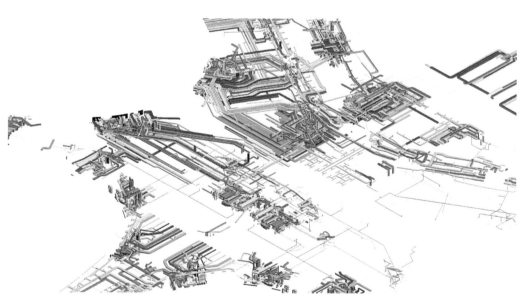

图3-4 大平面系统BIM机电模型

3.2 卫生间、楼电梯专项系统应用

3.2.1 系统化设计的末端

北京大兴国际机场这样高度复杂的交通枢纽建筑，在设计周期短、面积大的条

件下，系统化的设计管理模式无疑是必然的选择：一方面是出于对效率的考虑；另一方面则是设计系统控制体系的需求。在本项目中各专业的BIM专项设计系统施工图达到了1091张A0（表3–1），占整体设计施工图纸总数量的20.2%，对施工图设计的推动、发展起到重要的作用。

施工图纸数量统计表　　　　　　　　表3–1

专业	系统	BIM 图纸数		总图纸数	比值
建筑	核心筒	94	371	1001	37.06%
	卫生间	31			
	扶梯	80			
	步道	25			
	玻璃电梯	36			
	钢梯	25			
	停车楼	80			
结构	核心筒	73			
	玻璃电梯	28			
	钢梯	18			
给水排水	卫生间	130	148	663	22.32%
	机房	18			
设备	热交换站	21	425	1198	35.48%
	风机房	26			
	卫生间通风	26			
	空调机房	299			
	机房基础	53			
电气	发电机房	18	147	2530	5.81%
	变配电室	66			
	强电	27			
	弱电	18			
	开闭站	10			
	电气大样	8			
汇总			1091	5392	

在系统化设计管理、协同框架下，将设计分为大平面系统及专项设计系统，如核心筒、卫生间、楼电梯、机房等这样的功能性模块归类成独立的专项设计系统。像机场这样的交通枢纽建筑，专项设计系统划分的数量要比普通民用建筑多数倍，如建筑专业的专项系统大概在23个左右，在整体的设计体系中占据着重要的位置。大平面负责统筹协调专项设计系统的结构秩序、组合关系、系统流线等，当设计条件稳定后，对系统设计管理的第一步是从大平面中"剥离"出来，成为独立的对象，然后再对每个系统的实例按规则进行编码化管理（图3-5），大平面与专项系统之间的组合，宛如一台复杂、精密的机器，高效运转、生生不息（图3-6）。

在控制体系中，专项模块设计的关注点是其功能性和效率指标，以卫生间模块为例来说明主要的控制点：

（1）首先明确无障碍卫生间是否达到了无障碍设计要求，清单列项卫生间内的

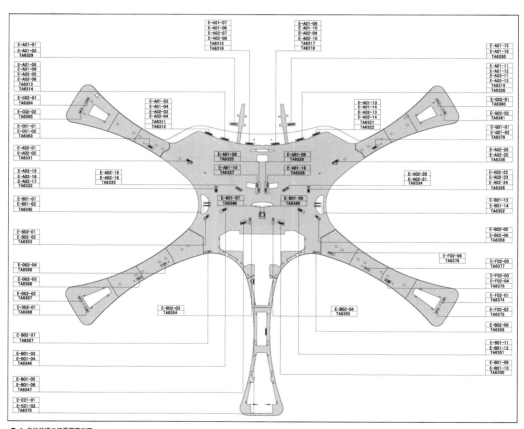

01 自动扶梯二层平面索引图
SCALE 1：1600

图3-5 数据编码管理的扶梯索引图

每个无障碍设计控制点（图3-7）；根据使用者的人体工程学尺度要求，精确定义呼叫按钮、安全抓杆等构件的空间布局。

（2）依据构件的设计尺寸（图3-9）在BIM模型中定制专用的"族"，并载入房间中排布，利用模型进行运动仿真分析（图3-9）。

（3）设计专用的检修管道井，便于日后不间断使用及快速维修，降低运营成本。

（4）对于多少面积能出一个蹲位等效率问题，用量化指标进行控制。经过大量以往设计数据的统计，带专用检修管道井的机场卫生间大概7.5m²出一个蹲位，而普通办公建筑大概在4.5m²。

3.2.2　标准化设计

专项设计系统的高效是建立在标准化设计的基础之上，标准化设计思考的出发点是先解一道数学题：对系统内的每个实例的核心参数进行统计，而后求解参数的"公约数"。如以核心筒内的梯段标准化设计过程为例（图3-10），先统计所有梯段所在的层高、梯井的宽度及进深，通常情况下以功能性为导向的楼梯设计，层高是核心参数，一般情况下相同层高的楼梯设计可以重复使用同一标准模块。求"公约数"后整理出如图3-11所示的表格，把相同参数的模块给予同样的颜色，各个标准模块出现的频次一目了然。在本项目中大致用整体实例数量20%的标准模块覆盖了整个项目的需求，对模块的简化、优化、固化这三个步骤循环往复是标准化设计的基本流程（图3-12、图3-13）。在2016年内一共出了5版施工图，平均每2个月要更新一版新图，设计工作强度极大，标准化设计有效地保证了施工图的顺利进行。

标准化并非拷贝复制一成不变，而是在一定规则和标准的体系下"参变"，目标是在成熟的标准之上满足人的多样性需求（图3-14）。另外一个视角是有了标准化才可能实现设计的精细化，在模块设计中植入一些基本的规范规则（图3-15），既可以提高设计质量，也降低了设计校对的工作量。

3.2.3　多专业集成设计

多专业集成设计是在系统化设计管理框架、BIM设计环境下开发出来的设计模式、理念与设计方法，经过多个项目实践积累趋于成熟，其工作模式是：建筑（BIM）专业负责全专业的制图+其他专业负责"计算"的设计模式，具体的工作流

图3-6 航站楼大平面系统

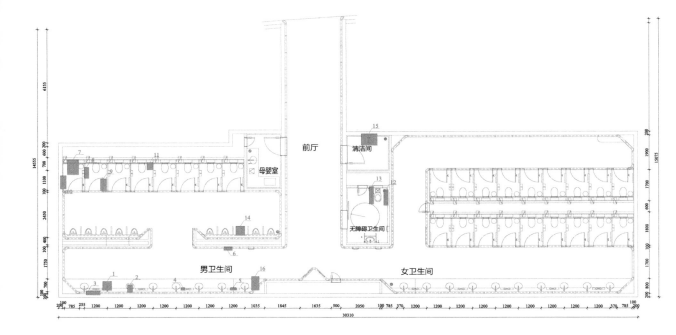

1-台下盆
2-感应水龙头
3-镜子
4-暗藏感应给皂液
5-暗藏抽纸盒
6-自动干手器
7-挂墙式坐便器（暗藏水箱+面板）
8-不锈钢纸巾盒+置物架（隔间内）
9-挂衣钩

10-坐垫纸盒
11-垃圾桶（隔间内）
12-L形扶手
13-残疾人扶手
14-婴儿隔板
15-感应式挂墙小便器（需设立一个残疾人扶手）
16-拖布池+手龙头

图3-7 无障碍卫生间设计及管控点

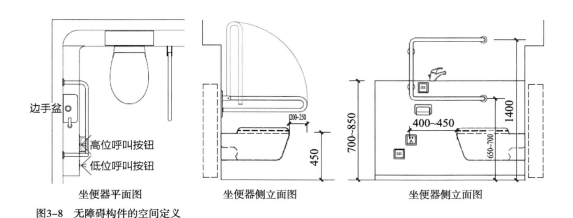

坐便器平面图　　　坐便器侧立面图　　　坐便器侧立面图

图3-8 无障碍构件的空间定义

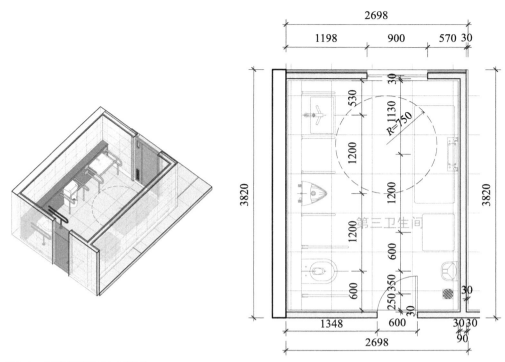

图3-9　无障碍设计的BIM模型

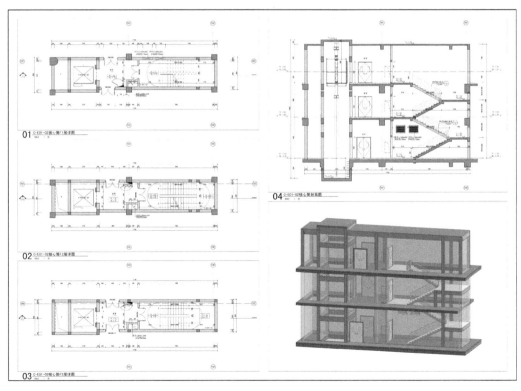

图3-10　核心筒的标准化设计样图

	A-02	A-03	B-01	B-02	B-03	C-01	C-04	C-05	D-01	D-03
JF		Q_8500X7750_顶层			Q_8500X7750_顶层	Q_8500X7750_顶层				
F8	Q_8300X7650_顶层	Q_8500X7750_顶层	Q_7750X6550_顶层	Q_8400X7550_顶层	Q_8500X7750_标准	Q_8500X7750_标准	Q_8100X7550_顶层	Q_8300X7750_顶层	Q_8300X7650_顶层	Q_8500X7750_顶层
F7	Q_8300X7650_标准	Q_8500X7750_标准	Q_7750X6550_标准	Q_8400X7550_标准	Q_8500X7750_标准	Q_8500X7750_标准	Q_8100X7550_标准	Q_8300X7750_标准	Q_8300X7650_标准	Q_8500X7750_标准
F6	Q_8300X7650_标准	Q_8500X7750_标准	Q_7750X6550_标准	Q_8400X7550_标准	Q_8500X7750_标准	Q_8500X7750_标准	Q_8100X7550_标准	Q_8300X7750_标准	Q_8300X7650_标准	Q_8500X7750_标准
F5	Q_8300X7650_标准	Q_8500X7750_标准	Q_7750X6550_标准	Q_8400X7550_标准	Q_8500X7750_标准	Q_8500X7750_标准	Q_8100X7550_标准	Q_8300X7750_标准	Q_8300X7650_标准	Q_8500X7750_标准
F4	Q_8300X7650_标准	Q_8500X7750_标准	Q_7750X6550_标准	Q_8400X7550_标准	Q_8500X7750_标准	Q_8500X7750_标准	Q_8100X7550_标准	Q_8300X7750_标准	Q_8300X7650_标准	Q_8500X7750_标准
F3	Q_8300X7650_标准	Q_8500X7750_标准	Q_7750X6550_标准	Q_8400X7550_标准	Q_8500X7750_标准	Q_8500X7750_标准	Q_8100X7550_标准	Q_8300X7750_标准	Q_8300X7650_标准	Q_8500X7750_标准
F2	Q_8300X7650_标准	Q_8500X7750_标准	Q_7750X6550_标准	Q_8400X7550_标准	Q_8500X7750_标准	Q_8500X7750_C-01	Q_8100X7550_标准	Q_8300X7750_C-05	Q_8300X7650_标准	Q_8500X7750_标准
F1	Q_8300X7650_F1	Q_8500X7750_F1	Q_7750X6500_F1	Q_8400X7550_F1	Q_8500X7750_F1	Q_8500X7750_F1	Q_8100X7550_F1	Q_8300X7750_F1	Q_8300X7650_F1	Q_8500X7750_F1
B1	Q_8300X7650_B1	Q_8500X7750_B1	Q_7750X6500_B1	Q_8400X7550_B1	Q_8500X7750_B1	Q_8500X7750_B1	Q_8100X7550_B1	Q_8300X7750_B1	Q_8300X7650_B1	Q_8500X7750_B1
B2	Q_8300X7650_B2	Q_8500X7750_B2	Q_7750X6500_B2	Q_8400X7550_B2	Q_8500X7750_B2	Q_8500X7750_B2	Q_8100X7550_B2	Q_8300X7750_B2	Q_8300X7650_B2	Q_8500X7750_B2
B3	Q_8300X7650_B3	Q_8500X7750_B3	Q_7750X6500_B3	Q_8400X7550_B3	Q_8500X7750_B3	Q_8500X7750_B3	Q_8100X7550_B3	Q_8300X7750_B3	Q_8300X7650_B3	Q_8500X7750_B3

图3-11　图解说明相同梯段分布的位置

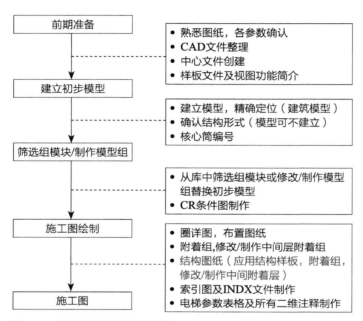

图3-12　以核心筒为例图解说明流程

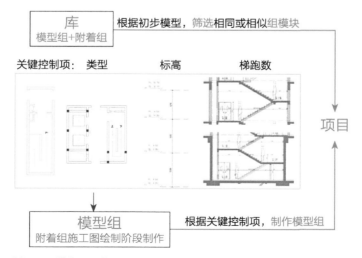

图3-13　模块匹配的过程

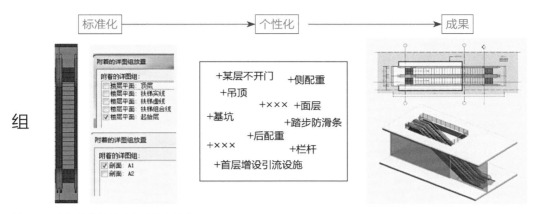

图3-14　在标准化的基础上满足个性化

图3-15　能简单判断设计规则的族模块

程是建筑（BIM）专业搭建全部的模型，并协调各专业构件的空间布局，在实体构件占位准确的情况下，导入专业的设计参数，如楼梯梁的配筋、卫生间的排水管径等，而后"切"成二维的施工图（图3-16～图3-18）。和传统的CAD制图比较，最大的区别在于：CAD模式是通过多张图纸描述一个一致性的设计，而BIM模式则是用一个模型生成多张图纸描述一栋建筑。

这种多专业集成的设计模式，对设计人员的专业知识要求不是面的"广"而是某一系统的"深"，解决了专业沟通过程中最重要的沟通成本，专业协调是及时的，与设计同步。

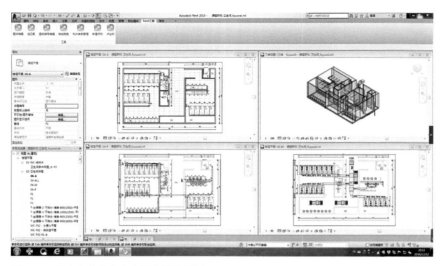

图3-16 机电专业的多专业混合设计界面

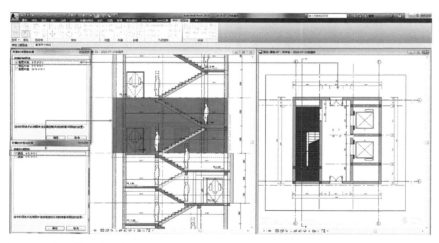

图3-17 核心筒的建筑专业设计界面

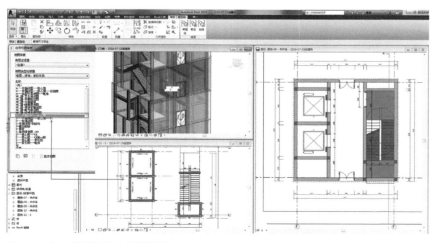

图3-18 核心筒的结构专业设计界面

3.3 引导标识系统应用

3.3.1 引导标识系统信息特征

引导标识是交通建筑的一个关键设计要素。引导标识与建筑平面系统和旅客流程设计从本质角度讲是一种强关联的关系，但标识本身体量较小、呈点状布置等特征使得它与平面系统的关联似乎变成一种弱关联。从上述两种解读可见，标识系统更像是一种内在强逻辑而形态较为分散的"离散系统"。北京大兴国际机场航站楼内共有超过2000个引导标识，几乎每个标识单体的空间位置、版面信息都不完全相同。相对于较为标准化的功能模块和重复性较高的末端系统，标识可以说是整个航站楼中最难以系统化设计的一项内容。

传统的引导标识设计是以流程为线索，逐一解决流程中各节点处标识的尺寸、位置和所承载的信息。而在北京大兴国际机场这样的设计体量面前，传统引导标识的这种"逐个击破"式的设计方法显然力不从心。

3.3.2 离散到系统

简化设计工作的第一个有效武器是将离散的设计内容系统化。

标识形态的影响因素主要有两个：第一是功能，即标识在其所在流程环节上需要承载的信息及其呈现方式；第二是空间，即标识所在的位置的空间特征（空间尺度、空间内的其他视觉要素构成和位置、空间内可供标识依附的建筑构件等）。在北京大兴国际机场设计中，根据以上两套逻辑的交织，形成了一套标识类型系统框架，以少量的标识类型，解决了大量标识点位的形态、尺寸及安装方式等主要设计要素（表3-2）。

此外，还对于标识信息进行了系统化的梳理。在系统架构的层面对信息进行设计和组织，保证了整个标识系统信息的逻辑性、一致性和完整性。这里的架构也是两个维度的：文本与空间。

在空间维度上，通过对目的地和出发点的几何拓扑分析，确定最佳的空间引导策略，以应对多重流线跨楼层引导的难题。在旅客流程沿线，竖向交通和空间出入口往往是流程拥塞的瓶颈区域，拓扑分析一方面在将引导路径图形化的过程中协助设计者理解和优化路径，另一方面可通过一定的流量量化细分和重组计算，用于评估流程瓶颈空间尺度对于流程负荷的适应性，从而辅助决策（图3-19）。

在文本维度上，基于对流程引导的信息层级的梳理，以分级命名和分级引导的

基于功能与空间特征的标识系统架构 表3-2

一级框架		二级框架		三级框架	
功能类型		安装方式类型		空间尺度类型	
S-1	航班信息显示系统	S-1.1	地面安装	S-1.11	大尺寸类型
				S-1.12	小尺寸类型
		S-1.2	墙面安装	S-1.21	大尺寸类型
				S-1.22	小尺寸类型
		S-1.3	顶面安装	S-1.31	大尺寸类型
				S-1.32	小尺寸类型
S-2	方位引导系统	S-2.1	地面安装	S-2.11	大尺寸类型
				S-2.12	小尺寸类型
		S-2.2	墙面安装	S-2.21	大尺寸类型
				S-2.22	小尺寸类型
		S-2.3	顶面安装	S-2.31	大尺寸类型
				S-2.32	小尺寸类型
S-3	编号和出入口系统	S-3.1	地面安装	S-3.11	大尺寸类型
				S-3.12	小尺寸类型
		S-3.2	墙面安装	S-3.21	大尺寸类型
				S-3.22	小尺寸类型
		S-3.3	顶面安装	S-3.31	大尺寸类型
				S-3.32	小尺寸类型
S-4	柜台标识系统	S-4.1	地面安装	S-4.11	大尺寸类型
				S-4.12	小尺寸类型
		S-4.2	墙面安装	S-4.21	大尺寸类型
				S-4.22	小尺寸类型
		S-4.3	顶面安装	S-4.31	大尺寸类型
				S-4.32	小尺寸类型
S-5	地图标识系统	S-5.1	地面安装	S-5.11	大尺寸类型
				S-5.12	小尺寸类型
		S-5.2	墙面安装	S-5.21	大尺寸类型
				S-5.22	小尺寸类型
		S-5.3	顶面安装	S-5.31	大尺寸类型
				S-5.32	小尺寸类型
……	……				

策略来解决标识信息荷载过大的问题。按照旅客寻路逻辑及与目的地的距离进行节点分级，寻路逻辑层级越高，即距离目的地越远，越采用更高层级的空间命名。例如在到达旅客刚刚离开行李提取大厅时，主要对航站楼陆侧基本交通方式轨道交通、地面交通、停车楼等进行引导，同时在次要位置对交通线路进行预告；当旅客接近轨道交通厅时，则需进一步明确提示交通线路的名称和方位（图3-20）。

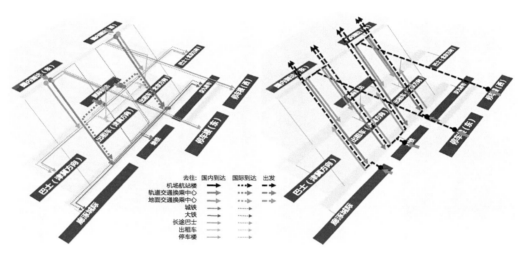

图3-19　标识信息系统空间架构

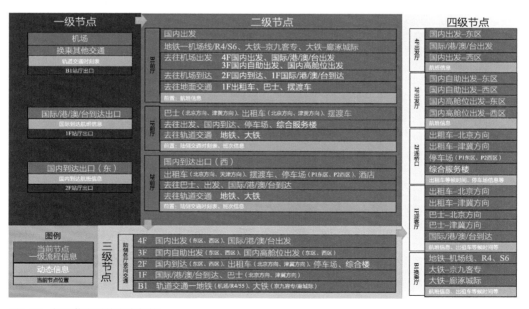

图3-20　标识信息系统文本架构

3.3.3 基于系统化的BIM设计

上述系统化标识类型框架成为将各系统类型进行信息化设计的基础。在BIM设计软件Revit中用不同的"族"去匹配一级框架中的类型，用"类型"去匹配第二级框架中的类型，并在"族"的设计中纳入了尺寸、安装方式、版面、编号、定位、材质等不同维度的信息，为后续的点位布置和信息设计提供良好的基底（图3-21）。

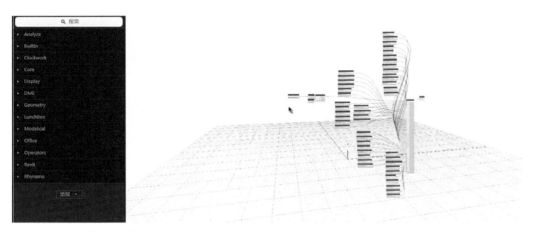

图3-21　标识系统BIM族设置

3.3.4 信息模型到虚拟现实

标识的设计和验证方法经历了从图纸阅读到现场模拟再到虚拟现实的过程。

传统意义上的设计图纸本身就是一种虚拟化、抽象化的"现实"，只是这种现实需要具备相当的空间想象能力与专业技术，且有经验的人士才能解读。引导标识的引导作用若要真正生效，必须以非常恰当的方式为真实环境中的旅客提供精确的信息。因此标识的设计与验证过程中，需要大量的"身临其境"去感受现实中旅客的视觉体验的努力。而这种努力，无论多么有经验也常常失效，原因在于人可以想象空间，却常常无法想象真实建筑中复杂的光环境，也容易忽视透视原理和一些视觉错觉等因素的影响。于是，在以往设计中，人们迫不得已在工地现场树立起大量实物样板以检验设计是否有效。好在，在数字技术足够发达的今天，我们可以使用虚拟现实技术，最大限度地还原人眼观察下的"真实"场景（表3-3）。

在完整建筑空间与标识系统BIM模型的基础上，我们采用VR技术，在VR眼镜中进行设计和校验，这一技术在设计阶段、验证阶段和对业主交付阶段都发挥了重大作用（图3-22 ~ 图3-26）。

各种引导标识检验方式的比较（从信息接收和反馈角度） 表3-3

视觉线索		现实	虚拟现实VR	效果图	二维图纸
视觉线索	视域	人眼视域范围（水平约 -100°~+100°，垂直约 -70°~+50°）	设备可视角（水平约 -100°~+100°）	图纸范围	图纸范围
	视点	人眼视点	人眼视点	人眼视点	上帝视点
	形象/符号	形象	形象	形象	符号
	信息接收与反馈	真实运动真实反馈	虚拟运动虚拟反馈	无运动无反馈	假想运动假想反馈

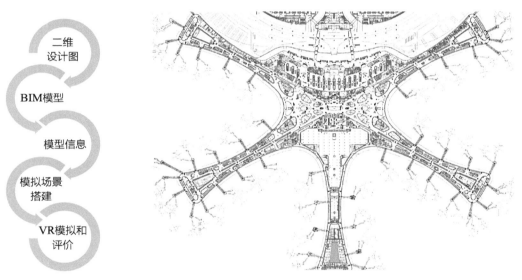

二维设计图 → BIM模型 → 模型信息 → 模拟场景搭建 → VR模拟和评价

图3-22　VR系统技术框架　　图3-23　引导标识系统BIM模型—平面视图

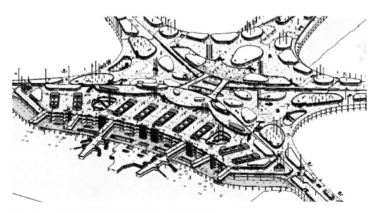

图3-24　引导标识系统BIM模型—三维视图

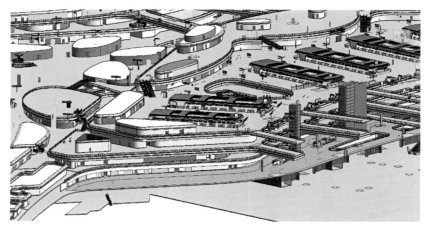

图3-25　引导标识系统BIM模型—局部三维视图

图3-26　应用VR场景进行设计比选

3.3.5　对标识系统的展望

技术的发展不仅解决了设计的难题，更为我们提供了巨大的想象空间。随着移动端精准导航技术、虚拟现实技术和可穿戴设备的发展，未来的机场可能不再需要在固定的地点提供固定形态的引导标识。那时的技术不再是辅助设计和优化提升设计效率的工具，而是颠覆设计核心内容和形式的武器了。

3.4 数据应用

3.4.1 信息化设计管理

BIM时代，最重要的变化是设计管理的对象变了。在CAD时代，设计管理的对象是CAD线条，CAD线条是一种符号和表达空间向量；而BIM的环境中，管理的是虚拟的构件对象，是现实世界在虚拟环境的映射。

管理就是控制，控制的前置条件是组件对象的编码化管理和过程管理。在本项目中独立构件达到了百万级别的数量，更需要设计一种编码系统去管理、组织这些构件。一旦管理的对象可以被识别、编码化管理、具有设计属性，将产生有规则的标准化数据，那么整个设计的过程就"信息化"了。有了信息化这一抓手，管理的目标就可以实现：

（1）通过设定项目样板，统一大部分的设计标准、制图标准；

（2）通过工作集精准分配任务，将设计管理系统化；

（3）通过数据表查看材料做法、分区排布、模型的几何工程量等。

模型的背后实质是一关系型数据库，数据库的"表"记录着每种分类构件的关系，而每张"表"内的字段记录着每个构件所有的实例属性（图3-27～图3-29）。

3.4.2 数据决策

1. 看指标

数据决策中的"看指标"主要是BIM模型非几何数据的指标分析。"看指标"

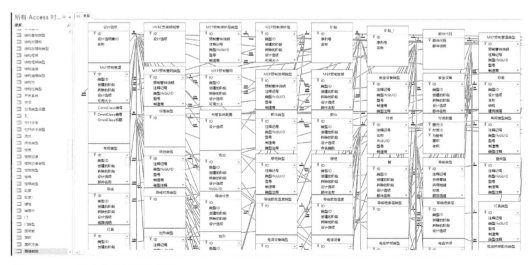

图3-27　Revit导出的关系型数据库

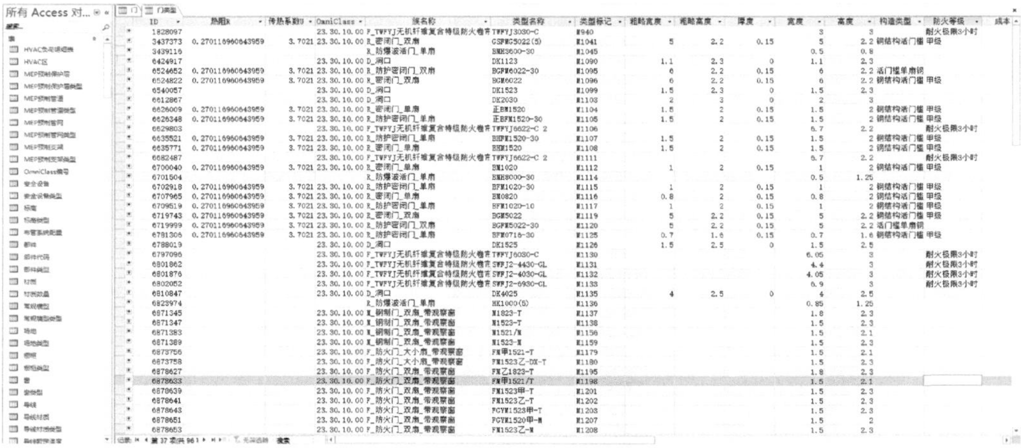

图3-28　构件实例属性表

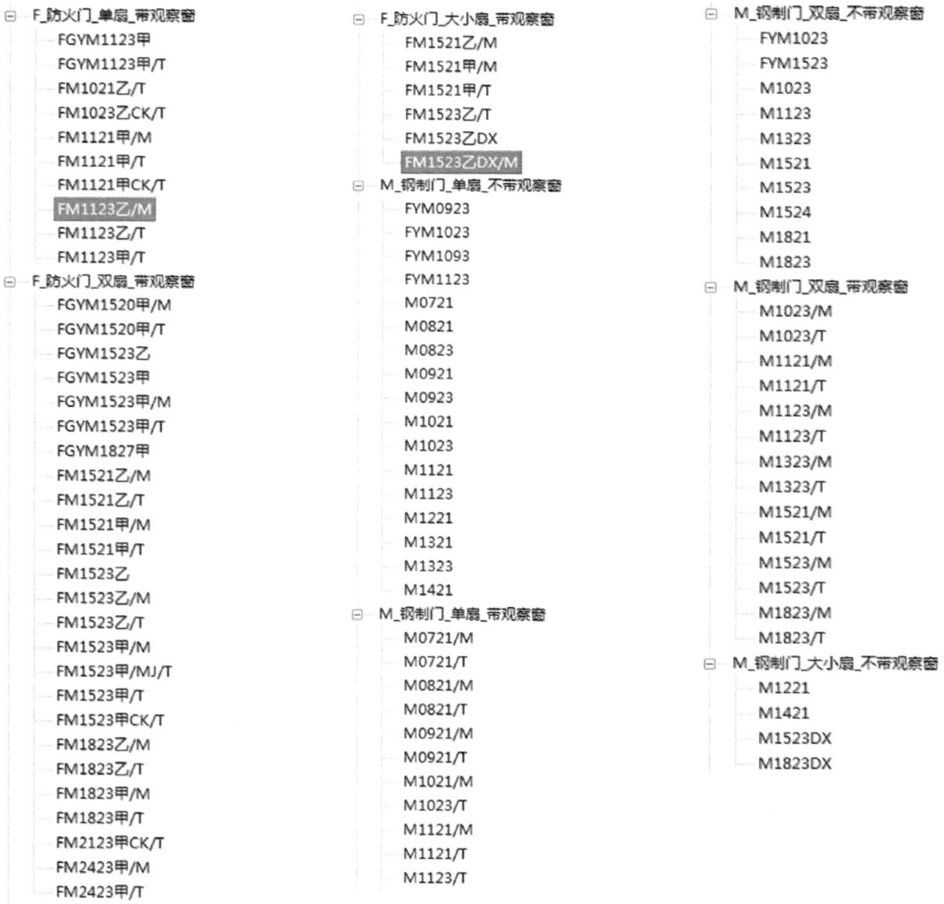

F_防火门_单扇_带观察窗
FGYM1123甲
FGYM1123甲/T
FM1021乙/T
FM1023乙CK/T
FM1121甲/M
FM1121甲/T
FM1121甲CK/T
FM1123乙/M
FM1123乙/T
FM1123甲/T
F_防火门_双扇_带观察窗
FGYM1520甲/M
FGYM1520甲/T
FGYM1523乙
FGYM1523甲
FGYM1523甲/M
FGYM1523甲/T
FGYM1827甲
FM1521乙/M
FM1521乙/T
FM1521甲/M
FM1521甲/T
FM1523乙
FM1523乙/M
FM1523乙/T
FM1523甲/M
FM1523甲/MJ/T
FM1523甲/T
FM1523甲CK/T
FM1823乙/M
FM1823乙/T
FM1823甲/M
FM1823甲/T
FM2123甲CK/T
FM2423甲/M
FM2423甲/T
F_防火门_大小扇_带观察窗
FM1521乙/M
FM1521甲/M
FM1521甲/T
FM1523乙/T
FM1523乙DX
FM1523乙DX/M
M_钢制门_单扇_不带观察窗
FYM0923
FYM1023
FYM1093
FYM1123
M0721
M0821
M0823
M0921
M0923
M1021
M1023
M1121
M1123
M1221
M1321
M1323
M1421
M_钢制门_单扇_带观察窗
M0721/M
M0721/T
M0821/M
M0821/T
M0921/M
M0921/T
M1021/M
M1023/T
M1121/M
M1121/T
M1123/T
M_钢制门_双扇_不带观察窗
FYM1023
FYM1523
M1023
M1123
M1323
M1521
M1523
M1524
M1821
M1823
M_钢制门_双扇_带观察窗
M1023/M
M1023/T
M1121/M
M1121/T
M1123/M
M1123/T
M1323/M
M1323/T
M1521/M
M1521/T
M1523/M
M1523/T
M1823/M
M1823/T
M_钢制门_大小扇_不带观察窗
M1221
M1421
M1523DX
M1823DX

图3-29　门的实例属性分类表

是用一个维度或一个专业的视角去看待一个建筑的性能，从BIM模型中提取数据进行分析。常用的核心指标有：规划指标、业态数据、建筑空间使用率、材料性能指标、使用安全指标、主材用量等。用数据指标的方法分析建筑，使得对建筑认识的途径变得十分高效。设计的发展细化，与之匹配的是对各模块建立漏斗信息向下钻取，到达每个模块的维度。

指标分析中常用的最大值、最小值、平均值等，这种基于统计学的视角来评估建筑的方式，创建了认识建筑数据集的捷径，成为一种令人信服的沟通手段，传达了原本存在于数据模型中的基本信息。

2. 看构成

看构成是在通过对数据维度统计分组的基础上，对比分析和查看数据的分布情况，进而揭示某一设计逻辑的内部结构特征，以及这种特征依设计条件改变时表现出的变化规律。我们所熟悉的那些饼图、直方图、散点图、柱状图、面积图等（图3-30、图3-31），是最常用的统计图表，将数据可视化表达。

3.4.3 数据可视化

1. 几何数据

设计数据的可视化分为两种数据的可视化：几何数据的可视化和非几何数据的

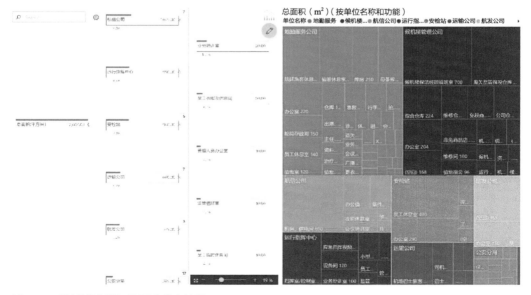

图3-30 项目前期调研面积需求分布情况

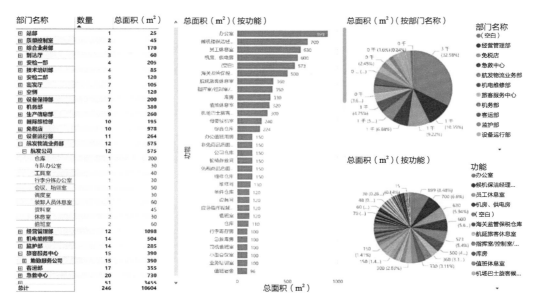

部门名称	数量	总面积（m²）
站部	1	25
质量控制室	2	45
综合业务部	2	170
到达厅	3	60
安检一部	4	205
技术培训部	4	85
安检二部	5	120
出发厅	7	105
空侧	7	120
设备保障部	7	200
机务部	9	380
生产信息部	9	260
国际旅检部	10	195
免税店	10	978
设备运行部	11	264
航发物流业务部	12	575
航发公司	12	575
仓库	1	200
车队办公室	1	30
工具室	1	40
行李分拣办公室	1	30
会议、培训室	1	50
调度室	1	30
装卸人员休息室	1	60
资料室	1	45
休息室	2	30
值班室	2	60
经营管理部	12	1098
机电维修部	14	504
监护部	14	285
旅客服务中心	15	390
地勤公司	15	390
客运部	17	355
急救中心	20	730
	51	3455
总计	246	10604

图3-31　项目前期调研面积需求分布情况

可视化。在BIM环境中几何数据不单纯代表着几何模型，也绑定了非几何数据（图3-32、图3-33）。主要的应用点有：体验建筑空间；通过模型查看设计数据；预测建筑完成后的效果；查看建筑构件的碰撞等。通常也把模型数据导入漫游软件，将获得更好的渲染效果。

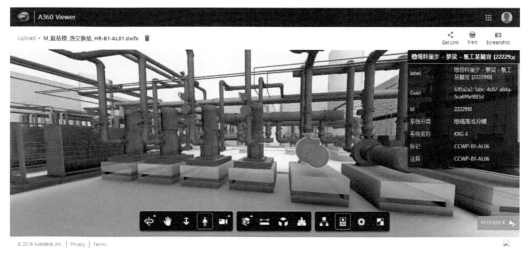

图3-32　在BIM360 DOC中查看设计

图3-33　BIM模型导入Lumion中查看设计

2. 非几何数据

　　BIM非几何数据的可视化，可以用成熟的BI展示系统展示动态的设计数据（图3-34），更利于设计师感知数据，让BIM中的虚拟建筑以数据图表的形式呈现出来。洞察建筑的究竟和发现关系，感受设计信息动态的变化，让我们理解其他形式下不易发掘的事物。

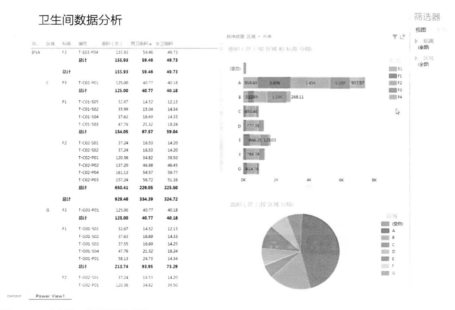

图3-34　动态的BI数据展示系统

第 4 章

数字验证——超验与模拟

4.1　数字设计验证的优势与局限

数字设计验证本质上是一种数字计算：在人为制定的测试策略下，通过计算机的数字技术能力进行大量的计算得出结果，以验证设计并评估原型的测试元件（数字环境下的具有某些所需要测试的建筑属性要素的"建筑模型"）的性能。

相较于基于设计标准的设计判断模式及基于经验的设计判断模式，数字验证具有相当有说服力的优势。

第一，数字验证是一种存储在大脑之外的"外部知识"，它不需要经过人脑的加工，只需要执行和等待结果。数字验证的存在，部分剥离了对个人经验与能力的依赖，可以接受实时的查验，并根据技术与理论的发展而不断迭代。

第二，数字验证可能是最能够体现数字计算力优势的应用之一。有了这种计算力，我们可以实现在虚拟环境下纳入多种影响因子，配置大量复杂的数学函数关系，并根据需要进行多轮反复的计算验证。

第三，也正是由于数字技术的本质，是一种非常确定的可表述的数学计算过程，因此具有确定性、唯一性，是一种可靠度和可操作性都很高的验证方式。

第四，每一个数字设计验证都是针对当前设计的独立计算，因此排除了设计标准的普适性带来的冗余和不适用性，以及设计标准对子项和专业划分带来的局限性，也是对每一个设计进行分析判断的非常有效的工具。

但在另一个角度看，数字验证的所有优势，也成了它不可逾越的局限：

首先，由于数字验证需要一系列明确的数学计算模型，必须经过抽样、量化及编码的过程，因此，数字验证所提供的验证环境，是一种经过了大量简化和概念化的简单模型，与真实世界中的建筑和环境有着本质的区别，因此与其说它是"虚拟的现实"，不如说是一种"判断"标准。

其次，目前的数字验证技术，都是针对单一学科、单一要素验证。虽然可以将多种不同要素的验证合并在一起提供较为完整的验证结果，但只能称其为单一性能验证的简单集合。

综上，我们应该正确地看待当前技术背景下的数字验证，把它作为更智慧的设计的有力武器，而不是真实世界的孪生。

北京大兴国际机场航站楼项目无论从建筑规模、功能集成度、构型新异度，还是外围护系统的复杂程度来说，都远远超出了规范和经验所能覆盖的范畴。这就意味着，采用常规的验证手段对设计进行验证无法给出完整和可靠的结论。与此同时，北京大兴国际机场航站楼项目的重要性则要求设计必须达到更高标准。这种高标准和设计手段不足的矛盾中，大范围采用数字验证方法成了必然：一方面，数字验证可以响应复杂的边界条件、具备足够的算力，因此足够高效；另一方面，数字验证方法往往借助已有的最先进的验证知识，因此可以匹配更高的设计要求。

4.2　航站楼物理环境验证

　　处理好建筑与物理环境之间的关系，是建筑设计最古老的核心任务之一。环境中的空气、阳光和水是人类生存所必需的，但也时常给人类生存带来威胁。古老的人类在漫长的发展过程中，早已学会了利用材料、构造方式等来营造更为舒适的室内环境，而将外部的炎热、寒冷、雨水和风拒之门外。建筑的历史发展到今天，随着新技术、新材料快速发展，以及人类对于建筑文化性的更高诉求，建筑形体、材料和与环境交互的方式都越来越多样化，在这样的背景下，对于建筑物理环境性能的验证技术也渐渐发展起来。

　　北京大兴国际机场航站楼的形体较特殊，是世界上第一个采用五指廊放射形的航站楼，外围护系统由金属屋面、玻璃天窗、玻璃幕墙和金属幕墙等多种子系统构成。室内空间需求也较为多样化。因此设计对其采光、通风和热工性能等分别进行了模拟验证。各项验证均以BIM模型为基础，经过几轮"计算模拟—分析结果—提出问题—制定调整策略—再次验证"过程，达到各项性能均较为理想的效果（图4-1 ~ 图4-5）。

图4-1　光环境分析——基于BIM
模型的采光与遮阳模拟

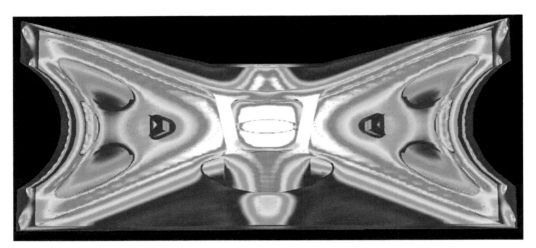

图4-2　光环境分析——基于BIM模型的人工照明照度模拟

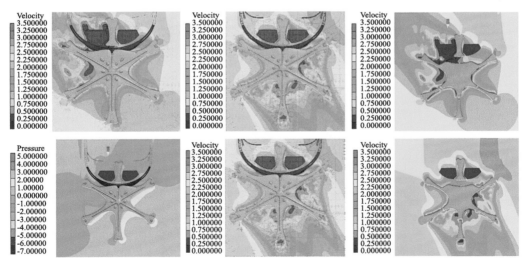

图4-3　CFD分析——基于BIM模型的室外风环境模拟

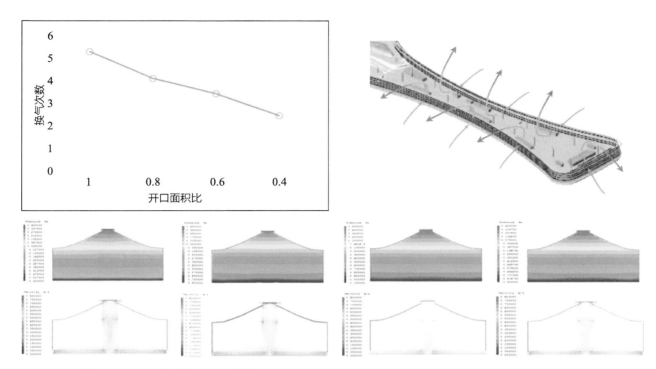

图4-4　CFD分析——基于BIM模型的自然通风模拟

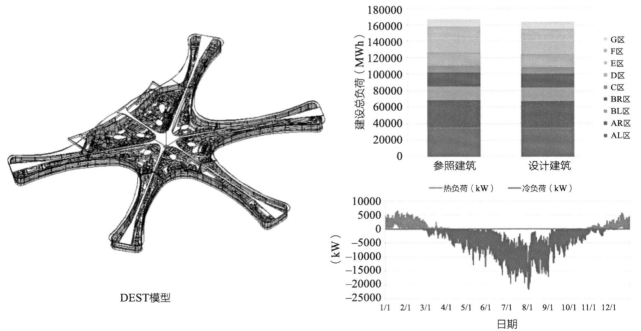

DEST模型

图4-5　基于建筑物理模型的围护结构热工参数优化分析

4.3　钢结构数字验证——C形柱

4.3.1　C形柱结构系统

按照航站楼的平面布置，C形柱布置在屋面系统的各点式天窗位置。在主楼C区中央大厅区域，C形柱沿中心轴线左右对称布置，共6组，形成180m直径的中心区空间，在跨度较大的北中心区加设两组C形柱。C形柱的设置，为主楼C区屋盖提供了可靠竖向支承和水平刚度[2]。C形柱平面布置如图4-6所示。

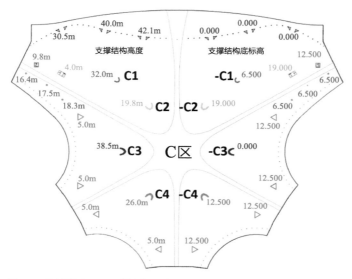

图4-6　航站楼中心区C形柱布置图

C形柱曲面作为屋面曲面的一部分，是点式天窗区域屋面曲面向下的局部延伸。C形柱结构网格的划分也沿袭了屋面钢结构的布置形式，采用空间网架结构形式，杆件的定位依照屋面内外层曲面进行布置，使得屋面结构光滑过渡到下部的混凝土结构。图4-7所示为C4区屋面钢结构及C形柱杆件布置图，可以看出结构杆件的分格由屋面到C形柱实现了顺滑过渡。

4.3.2　C形柱结构承载力分析

C形柱作为整个航站楼中心区最为关键的竖向构件，是航站楼结构设计的重点。根据建筑造型的需要，柱的横截面设计为开口状C形，研究表明：C形截面为单轴对称截面，在竖向和水平荷载下易发生弯扭屈曲，导致构件承载力较低。因此

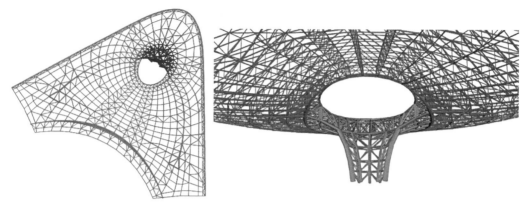

图4-7　C4区屋面钢结构及C形柱杆件布置

如何避免C形截面构件在竖向和水平荷载下出现弯扭失稳是设计的难点和重点。在C形柱设计过程中，为避免其出现弯扭失稳，采用了支撑筒+C形柱的组合抗侧体系，支撑筒通过具有较大平面刚度的屋面网架协调约束C形柱的扭转变形。

为研究C形柱在竖向和水平荷载下的受力和变形性能，对C形柱进行了恒荷载+活荷载标准值下的竖向承载力及水平承载力分析，分析时每隔45°进行一次水平加载，重点分析C形柱的破坏模式及破坏过程，以期对C形柱的抗震性能给出评价，为结构设计提供参考，如图4-8所示。

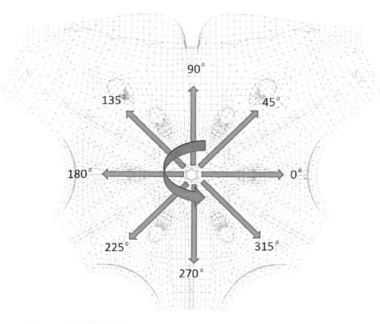

图4-8　C形柱加载方向

C形柱承载能力分析时考虑组成C形柱的每个杆件初始缺陷为杆件长度的1/350，并考虑材料非线性和几何非线性，材料本构关系采用理想弹塑性模型，当材料达到极限应变时，杆件失效退出工作。

以C4柱为例，图4-9为在竖向和水平向极限状态下的构件塑性应变分布，可以看出塑性应变多发生在斜腹杆构件上[2]。

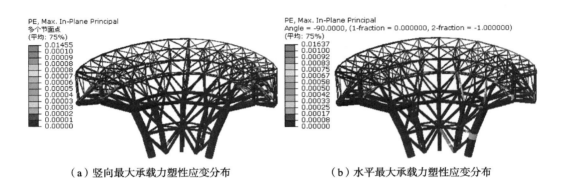

（a）竖向最大承载力塑性应变分布　　　　　（b）水平最大承载力塑性应变分布

图4-9　C4柱塑性应变分布

表4-1给出了4种C形柱在大震弹塑性时程分析下的柱底反力值，以及竖向承载力及水平抗侧承载力分析结果对比[3]。结果表明：大震下C1、C2、C3、C4柱底部剪力均在承载力弹性阶段，最小承载力倍数为3.71，最大承载力倍数为19.88，满足大震不屈服的性能目标。

除了构件外，结构节点的受力情况同样是关注的重点。图4-10为C形柱两个关键节点在最不利工况下的应力分布情况，材料均为Q345B，最大应力均小于345MPa，满足材料强度的设计要求。

C形柱水平抗侧承载力与大震时程反力比较　　　　　　　　　　　　表4-1

地震工况	X向为主地震输入			Y向为主地震输入		
	最大承载力（kN）	大震时程柱底反力（kN）	承载力/大震反力	最大承载力（kN）	大震时程柱底反力（kN）	承载力/大震反力
C1柱（考虑支撑筒模型）	32030	2708	11.83	31703	2708	11.71
C2柱（不考虑侧向约束）	24908	6711	3.71	22764	4238	5.37
C3柱（考虑支撑筒模型）	27123	3784	7.17	42584	2142	19.88
C4柱（考虑支撑筒模型）	37150	2946	12.61	28800	3025	9.52

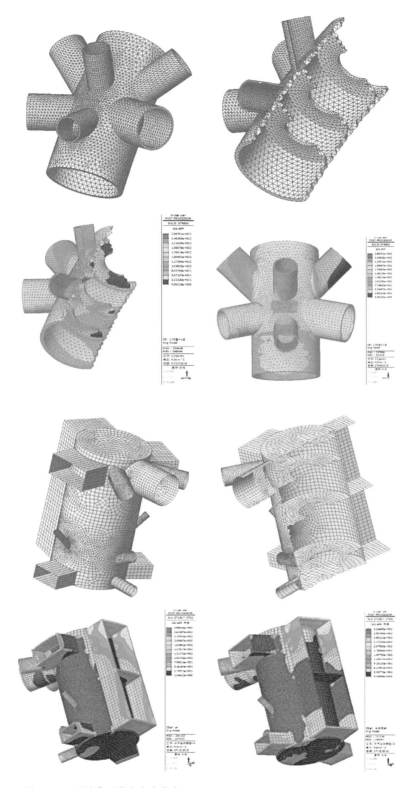

图4-10　C形柱典型节点应力分布

以上分析结果表明：①当C形柱达到竖向极限承载力时，破坏位置位于C形柱顶部与屋顶网架连接位置，因斜腹杆受压屈曲而达到极限承载力；②C形柱顶部由于受到相邻支撑筒幕墙柱等竖向构件的约束，有效限制了C形柱的扭转变形，在水平荷载下，C形柱的破坏以理想的整体压弯破坏为主；③C形柱节点在各工况下满足承载力的要求；④C形柱可作为中央大厅屋顶钢结构有效的支撑结构使用。

4.4 旅客流线仿真验证，消防性能化设计等

4.4.1 旅客流线仿真验证

对动态且不均匀的人员活动的判断，往往是航站楼设计的难点，也是规范和常规设计经验最无法覆盖的部分。计算机仿真技术能够模拟机场未来运行的状况：在航站楼内，通过对航班时刻表和旅客流线的分析，确定每个区域的人员数量，通过对机场室内人流的模拟，评估出每处电梯、安检排队的等候时间，进而优化流线设计，提高运行效率（图4-11）。

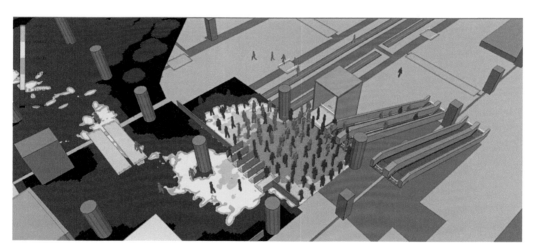

图4-11　基于BIM的局部旅客流线仿真验证

4.4.2 消防性能化验证

航站楼设计虽然采用了当前国内相关的消防设计规范，但由于构型和功能需求等限制，设计中仍然存在难以完全满足规范要求或规范无法涵盖的内容，从另一个角度来说，用满足规范的要求来指导设计会带来功能、成本和旅客服务效率等多方

面的重大损失。因此设计团队对上述特殊区域采用消防性能化设计验证，将其消防设计作为一个整体，综合考虑其防火分隔、人员疏散、火灾探测报警以及灭火排烟等措施，以保障其安全性。

通过设定合理的反复实践检验的消防设计策略，以及大量计算验证，保证设计具有足够的安全性，同时也具备了合理性。

第 5 章

数字建造——从设计起步

5.1 贯穿全过程的数字建造

高质量的数字实现要求从设计源头开始，在建造的全过程中保障设计信息的有效传递和设计意图的可靠实现。航站楼的每一个工程子系统都考验着设计工作是否从源头对工程建设实现了有效的控制。

数字建造有别于传统建造，施工现场不再局限于建筑工地，大量的加工制作工序转移到了施工现场外的工厂进行，在航站楼建筑外围护系统与钢结构建造中，现场工作已集中于装配环节。从建造实现的全过程而言，从传统的设计与施工两阶段细分发展为设计、制造、装配三阶段。本章选取了屋面装饰板和大吊顶板两个屋面系统的设计末端和钢连桥设计专项为案例。分别从设计和实现两个方向出发，一窥北京大兴国际机场航站楼数字建造的实现过程。

5.2 设计先行——屋面装饰板数字设计

5.2.1 设计关键问题判定

屋面装饰板的分板设计是外围护屋面系统深化的末梢，在对这一环节工程复杂度的处理上，首先要判断设计实现的关键问题。北京大兴国际机场30万m^2的屋面呈自由的曲面形态，在前序设计流程中，主钢结构和屋面排水分区、双层金属屋面的下层直立锁边排水层的划分已依托屋面主网格设计（图5-1）。

如果采用常规的板块划分模式，为适应屋面自由曲面形态和排水分区划分，将出现大量曲面板和异形平板，对工程造价、工期等带来不利影响。由此，如何通过装饰板分板有效地降低板块的复杂度成了关键命题。设计团队注意到，在金属板块的裁切、预滚涂等工艺流程中，原始铝卷的宽度是一个关键的技术指标。如果统一所有的板块宽度为考虑过折边后的铝卷宽度，相比于异形板块，会在一系列工艺流程中为板材加工带来极大便利。对自由曲面的适应性则交给变化的楔形板缝（图5-2~图5-4）。

5.2.2 计算机程序交付

航站楼采用双层金属屋面系统，表层蜂窝铝板装饰板受1号基准面控制，首先在基准面上有天沟布置的径向、环向主网格对应位置，无天沟的径向主网格对应位置开设两级宽缝，将基准面划分为一块块条形区间，每个区间沿径向方向为长边，

图5-1　主钢结构叠加屋面装饰板

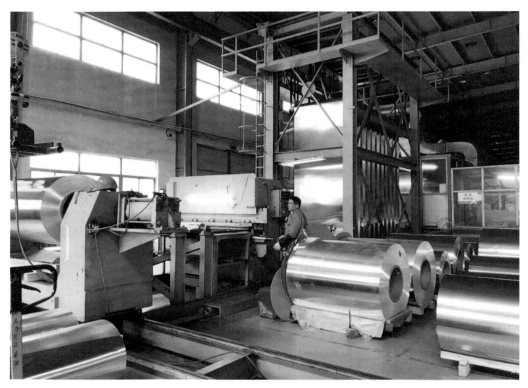

图5-2　待加工的成品铝卷

环向方向为短边。装饰板沿区间短边方向成行排布，每行内单块装饰板的宽度统一为1350mm，长度上限3000mm，相邻板缝20mm，行与行的缝宽一端等分，另一端随区间长边曲率而变化。

这一创新算法的优势在于以"虚"的板缝代替"实"的板块作为变量，化解了装饰面板对异形曲面与区间边界的适应难题，通过统一板块宽度，最大化地利用了成品铝卷规格，有效降低了8.8万块屋面装饰板的加工难度和成本。如同自然界中鸟类的羽翼对不同姿态的适应，板缝角度随曲面边界形态连续变化的效果也形成了自然变换的肌理（图5-5、图5-6）。如此类比推演，以交付代码控制板块形态，就犹如基因影响生物性状的过程一般。

北京大兴国际机场航站楼屋顶是建筑外观的重要部分，其内部为连续流畅的不规则双曲面吊顶，综合表现了建筑师对于空间、结构和自然采光的构想。大吊顶通过8处C形柱及12处落地柱下卷，与地面相接。吊顶设计与航站楼屋面整体定位网格相符，形成建筑、结构、装饰一体化设计。

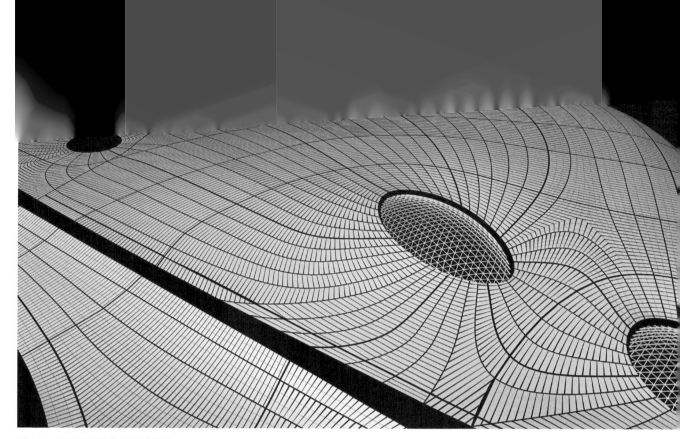

图5-3 北区屋面装饰板设计模型

图5-4 南区屋面装饰板设计模型

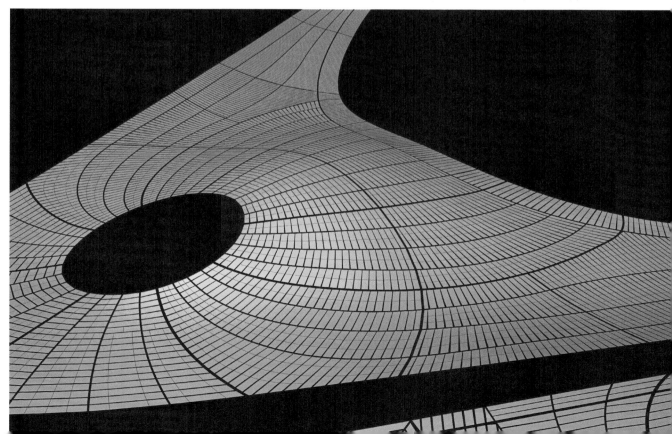

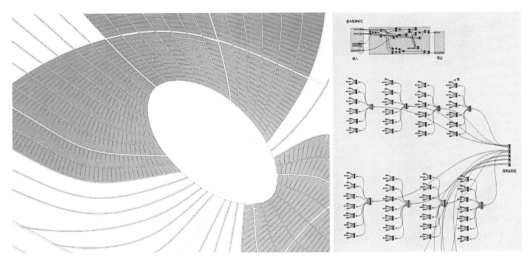

图5-5　程序生成的设计模型

图5-6　屋面装饰板实景

5.3　设计先行——大吊顶板数字设计

5.3.1　大吊顶板块的逐级划分

大吊顶板铝蜂窝板受5号基准面控制，首先由分缝程序将吊顶基准面划分为一条条带形基准面（图5-7、图5-8）。分缝以主控网格径向线条为基础，从C形柱根部起直至幕墙边缘，并向室外吊顶延伸，缝宽由100mm、100mm至700mm渐变、700mm几个区间连续变化。在每条基准面内，取两条长边曲线在基准面上的平均曲线作为板块划分的基准中线，在曲面上向两侧偏移排布400mm定宽、3000mm左右

图5-7 大吊顶分缝基准面叠合主钢结构

长度的板块，长边间隔75mm缝宽，满足排烟需求，短边间隔20mm。排板程序中，面板的曲率类型规定以一边弦高与其边长的比例判定，划分为平板、单曲、双曲三种类型，曲面板集中于C形柱位置。

图5-8　大吊顶渐变大缝分缝Grasshopper程序模型

5.3.2　大吊顶板块类型判定

航站楼大吊顶的基准曲面连绵起伏，为实现流畅的空间效果的同时将造价成本和建设周期控制在合理范围内，大吊顶采用了曲面板和平板结合布置的方式。大吊顶曲面板选用15mm厚蜂窝芯铝板，相较于铝单板，板体的强度重量比和形态稳定性更好。在板块的类型判断上，团队经反复比较，将基准曲面曲率、排板形式、板缝宽度等作为判定基础条件，共设三种类型板块，即平板、单曲板和双曲板。板块曲率类型通过以下标准划分：以 a（矢高）$/l$（板长）=1/200作为控制边界，分为以下三种情况：

（1）双方向曲率 $a/l \leqslant 1/200$，且同时满足重建后的拟合平板翘角小于相邻板缝隙宽度值的1/4时，可用平板拟合曲面，如大于1/4需做曲面板；

（2）板块单方向曲率 $a/l \geqslant 1/200$ 时，以单曲板拟合曲面；

（3）板块双方向曲率 $a/l \geqslant 1/200$ 时，以双曲板拟合曲面。

该标准根据室内人员对流畅曲面的视觉感受度与板块加工施工的复杂度的权衡判定，可供类似工程参考。如图5-9所示的核心区南侧屋面中，紫色部位为C柱侧边双曲面封檐板，绿色部位为吊顶面双曲板，蓝色部位为单曲板，橙色部位为平板。图5-10、图5-11比较了同一部位的分板效果与面板类型。

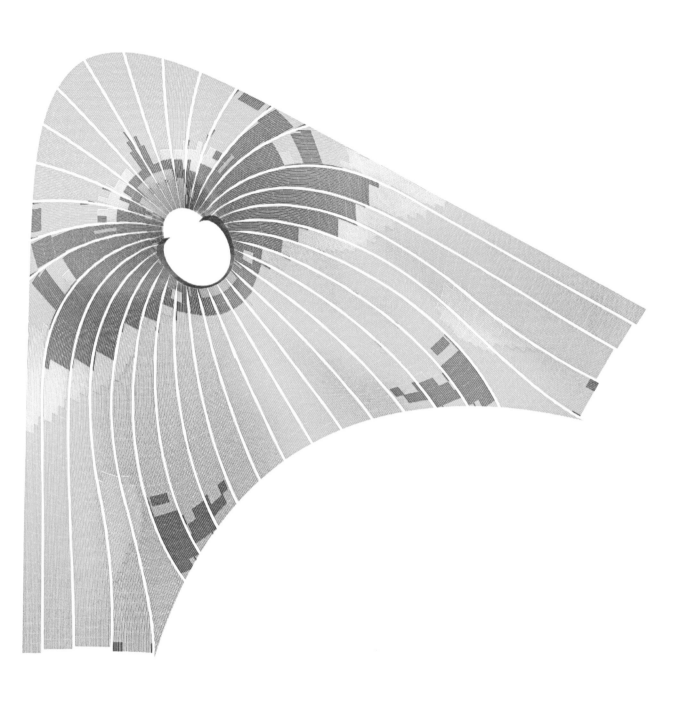

图5-9　核心区南侧屋面板块类型分布

图5-10 大吊顶板块曲率划分一

图5-11　大吊顶板块曲率划分二

5.3.3　复杂度控制的进一步尝试

　　大吊顶通过单元组框的方式安装，将大量工作转至地面完成。在方案比选中还曾尝试过在单元组框内通过4级固定长度的吊杆控制吊顶板一侧旋转开启，相应的4级开启角度随该面板在曲面上到C形柱根部的距离和到侧边的距离共同控制，可进一步降低曲面板比例，如图5-12～图5-14所示中的左侧样板。该算法的思路是以适当增加构造复杂度来有效降低面板曲率复杂度，经多方权衡最终未被选用，从一个侧面反映出人力成本上涨与数控加工制造普及的双向趋势。

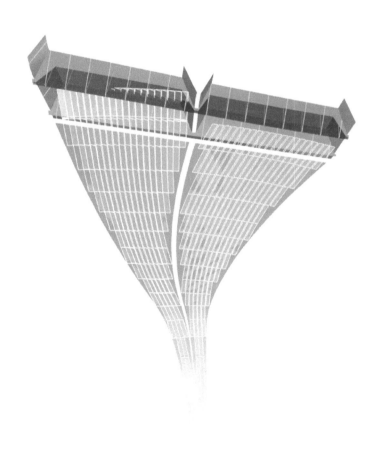

图5-12　计算机程序生成的两种吊顶样板排板

图5-13　现场大吊顶两种排板样板
（图片来源：郁阳 摄）

图5-14 现场室内吊顶分缝实景
（图片来源：王亦知 摄）

5.4 数字实现——大吊顶数字建造

5.4.1 现场测绘及逆向建模

大吊顶工程属于精装专业的范围，是继钢结构完成后的下一个施工专业。大吊顶的龙骨系统驳接在钢结构上，钢结构的施工完成情况直接影响着大吊顶的最后完成面，钢结构的专业特性存在以下两个重要的变量因素：

（1）钢结构厂家接手设计院的施工图做深化设计（加工图），深化的过程中需要增加构造节点和连接节点，这些节点可能影响大吊顶的占位空间。

（2）钢结构的加工模型通常是预起拱模型，由于钢结构具有弹性变形及塑性变形的属性，在中央采光顶长达200m的跨度条件下，想精确控制钢结构构件实际的空间位置是十分困难的。

以上两个因素导致大吊顶的深化设计条件不是原来的施工图、加工图，而是"现场"，要掌握现场的钢结构施工情况，必须对现场通过测量来校正设计条件（图5-15～图5-17），测量的技术主要采用：

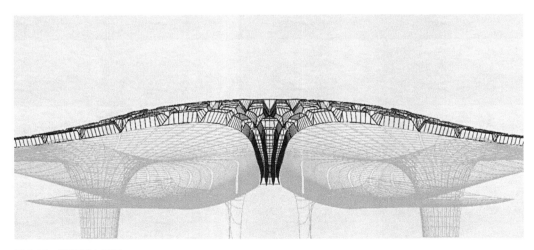

图5-15 采光顶大吊顶

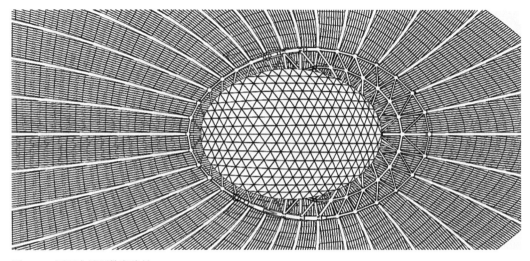

图5-16　屋面大吊顶数字编号

图5-17　全站仪测绘、标记关键控制点

1. 三维扫描全局把控

主钢结构卸载后，在施工现场通过三维扫描设备获取全局点云数据（图5-18、图5-19）。

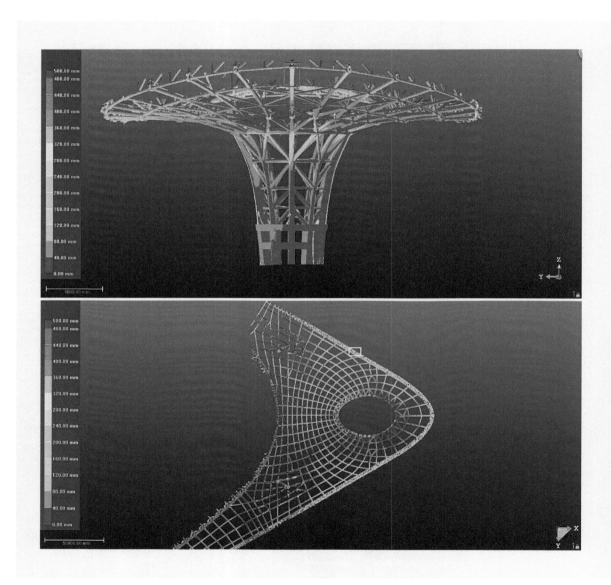

图5-18 三维扫描点云数据

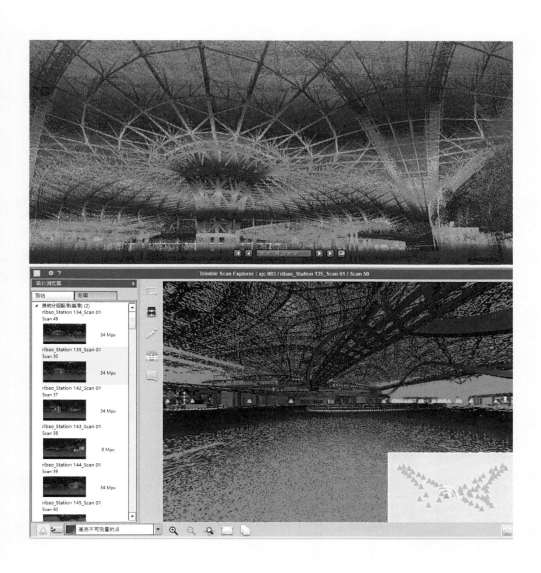

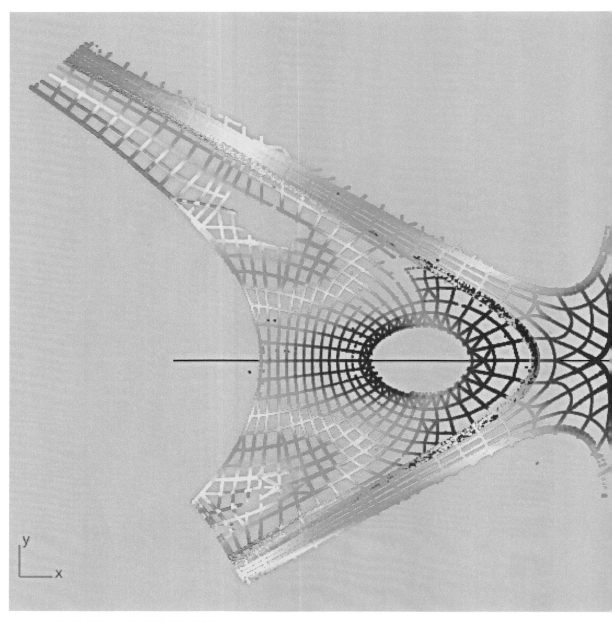

图5-19　点云数据与BIM模型做整体偏差分析

2. 全站仪测量关键构件的控制点

屋顶钢结构构件的几何体主要是球体和圆柱体，这两种几何体都可以根据其表面上任意四个以上的坐标测绘点，逆向计算出球体和圆柱体，这个工作可以用

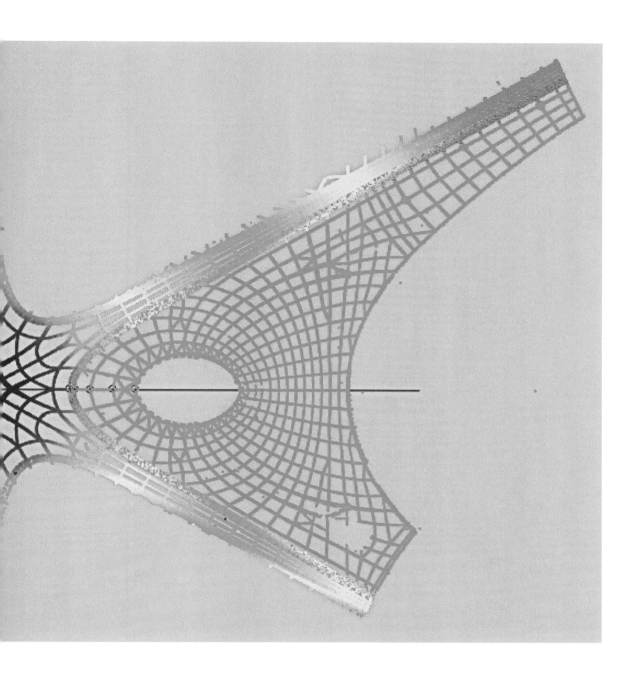

Excel表计算或者Rhino软件自带的建模功能来实现。逆向建模出所有的关键钢结构构件后，与原始设计钢结构模型进行比对分析（图5-20、图5-21），可能会出现碰撞、安装空间不够等情况，根据实际情况决定是否需要调整吊顶的完成面设计。

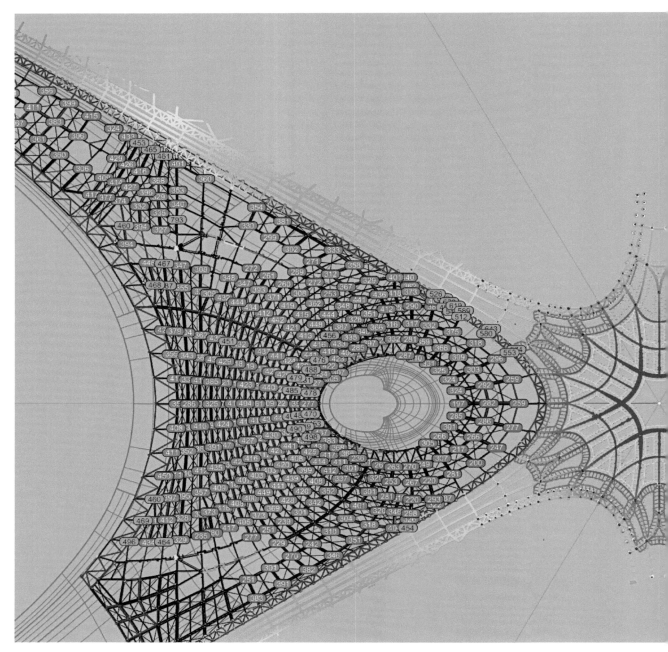

图5-20　全站仪测量后对构件关键点做数据标记

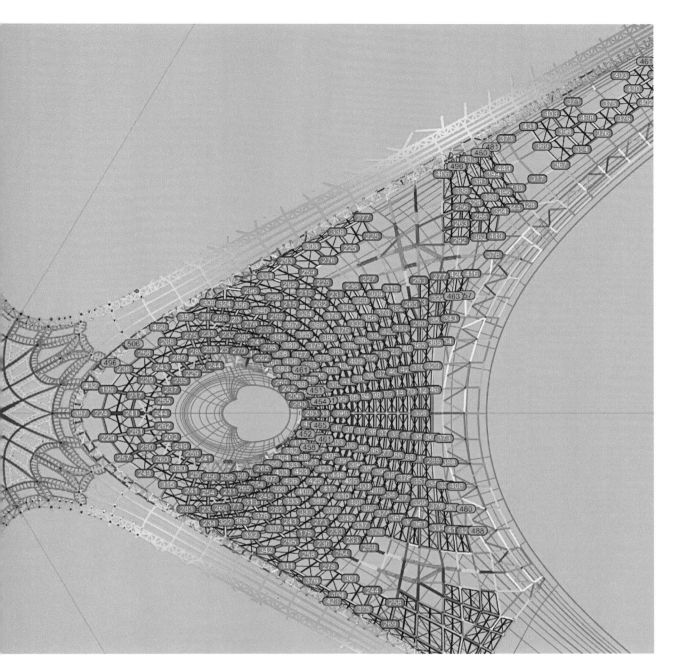

图5-21　逆向建模的球节点与设计表皮间的空间复核

5.4.2 BIM与装配式建造

大吊顶的设计策略可以简单地理解成：一张完整的曲面按设计肌理离散成每块相似的多边形板块拼接起来，每块面板有微差，正是利用这种微差拟合出了流畅的整体曲面。这种策略随之带来的是产生大量非标单元面板，整个大吊顶的板块在20万片以上。如此数量的吊顶面板施工，能生产的厂家和成熟的施工队屈指可数，加上有效的施工周期大概只有10个月不到、现场施工作业面紧张、冬期施工等一系列问题，必须找到一种高效的解决方案。

BIM与装配式建造的组合是解决上述困难的绝佳方案，希望造房子和造汽车一样，以工厂制造部件、现场拼装的方式建造（图5-22～图5-24）。这种组合在本质上是BIM负责"虚拟建造"，实现资源的预先高效配置，装配式是用工业化的方式高效生产，实现了以下四点核心价值：

（1）用BIM模型进行节点研究及可行性验证，制作数字样板，节省成本和时间。

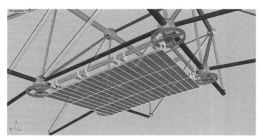

图5-22　标准的单元模块

图5-23　模块的连接节点

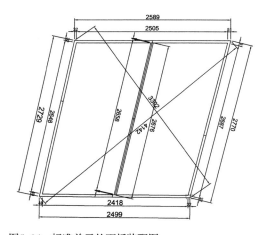

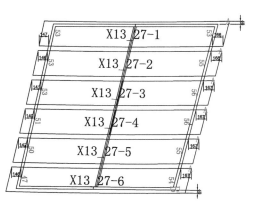

图5-24　标准单元的面板装配图

（2）BIM模型提取龙骨、面板数字化料单，实现数字化生产。

（3）材料的编码化管理，便于工厂材料预制管理与现场堆放管理。

（4）BIM虚拟环境中进行安装工艺模拟及安装定位演练。

大吊顶的预制化装配式建造逻辑与BIM技术高度契合：非标面板对于数控机床来说并不会造成困难，按电子料单自动裁切和折边，保障了高效率生产；BIM管理的重点是每块面板从加工图到最后现场拼装的整个数字化管理过程。

5.4.3 数字化料单及模型交付

在国家推动预制化装配式建筑的大背景下，针对航站楼异形曲面大吊顶的数字化建造方案，现有的设计表达形式和成果交付形式受到严峻的挑战：

（1）数量巨大的非标面板，以传统平面CAD制图的形式去描述每块面板的规格，一方面工作量巨大，而且对于双曲的面板也无法用平面图纸表达出来。

（2）传统的CAD平面图与数控机床对接并不高效，固定格式的电子表格和标准的几何数据交换格式更易于被数控机床读取。

（3）空间的曲面被离散成每块面板来表达后，传统基于图纸的设计审核无从下手，必须从"审图"改为"审模"。

（4）以离散的形式记录设计数据，如点位坐标等数据，人类感知这种数据困难，在大脑中无法还原设计；而机器设备如数控机床、测量机器人等，则可直接读取。

以上的问题，基于BIM模型（图5-25～图5-27）的解决方案不仅可以生成AutoCAD难以绘制的二维加工图，而且BIM模型提取的数据表单将大幅减少2D蓝图表达设计的格局。通过3D实体模型来确定设计和生产工艺；通过模型数据和电子表单传递设计（图5-28、图5-29）。在管理模型数据和电子表单的过程中，清晰

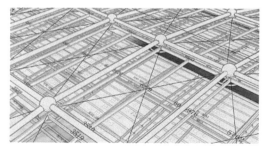

图5-25　用于生产料单的BIM模型一

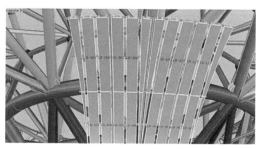

图5-26　用于生产料单的BIM模型二

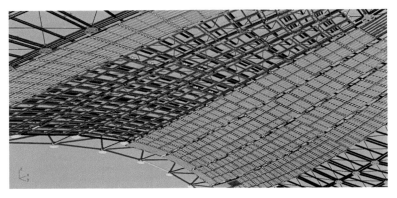

图5-27　用于生产料单的BIM模型三

名称	修改日期	类型	大小
20180704-指廊下弦龙骨数据-LC-XC01-FA	2018/7/4 7:26	Microsoft Excel	12 KB
20180704-指廊下弦龙骨数据-LC-XC01-FB	2018/7/4 7:27	Microsoft Excel	12 KB
20180704-指廊下弦龙骨数据-LC-XC01-FC	2018/7/4 7:30	Microsoft Excel	12 KB
20180704-指廊下弦龙骨数据-LC-XC01-FD	2018/7/4 7:31	Microsoft Excel	12 KB
20180704-指廊下弦龙骨数据-LC-XC01-FE	2018/7/4 9:14	Microsoft Excel	12 KB
20180704-指廊下弦龙骨数据-LC-XC01-FF	2018/7/4 9:14	Microsoft Excel	12 KB
20180704-指廊下弦龙骨数据-LC-XC02-FA	2018/7/4 10:52	Microsoft Excel	12 KB
20180704-指廊下弦龙骨数据-LC-XC02-FB	2018/7/4 10:53	Microsoft Excel	12 KB
20180704-指廊下弦龙骨数据-LC-XC02-FC	2018/7/4 10:56	Microsoft Excel	12 KB
20180704-指廊下弦龙骨数据-LC-XC02-FD	2018/7/4 10:56	Microsoft Excel	12 KB
20180704-指廊下弦龙骨数据-LC-XC02-FE	2018/7/4 11:04	Microsoft Excel	12 KB
20180704-指廊下弦龙骨数据-LC-XC02-FF	2018/7/4 11:05	Microsoft Excel	12 KB
20180704-指廊下弦龙骨数据-LC-XC03-FA	2018/7/4 11:27	Microsoft Excel	14 KB
20180704-指廊下弦龙骨数据-LC-XC03-FB	2018/7/4 11:29	Microsoft Excel	14 KB
20180704-指廊下弦龙骨数据-LC-XC03-FC	2018/7/4 11:35	Microsoft Excel	14 KB
20180704-指廊下弦龙骨数据-LC-XC03-FD	2018/7/4 11:35	Microsoft Excel	14 KB
20180704-指廊下弦龙骨数据-LC-XC03-FE	2018/7/4 11:52	Microsoft Excel	14 KB
20180704-指廊下弦龙骨数据-LC-XC03-FF	2018/7/4 11:52	Microsoft Excel	14 KB
20180704-指廊下弦龙骨数据-LC-XC04-FA	2018/7/4 12:03	Microsoft Excel	14 KB
20180704-指廊下弦龙骨数据-LC-XC04-FB	2018/7/4 12:03	Microsoft Excel	14 KB
20180704-指廊下弦龙骨数据-LC-XC04-FC	2018/7/4 12:06	Microsoft Excel	14 KB
20180704-指廊下弦龙骨数据-LC-XC04-FD	2018/7/4 12:06	Microsoft Excel	14 KB
20180704-指廊下弦龙骨数据-LC-XC04-FE	2018/7/4 11:59	Microsoft Excel	14 KB
20180704-指廊下弦龙骨数据-LC-XC04-FF	2018/7/4 11:59	Microsoft Excel	14 KB
20180704-指廊下弦龙骨数据-LC-XG01-FA	2018/7/4 7:26	Microsoft Excel	15 KB
20180704-指廊下弦龙骨数据-LC-XG01-FB	2018/7/4 7:29	Microsoft Excel	15 KB
20180704-指廊下弦龙骨数据-LC-XG01-FC	2018/7/4 8:14	Microsoft Excel	13 KB
20180704-指廊下弦龙骨数据-LC-XG01-JA	2018/7/4 7:26	Microsoft Excel	15 KB
20180704-指廊下弦龙骨数据-LC-XG01-JB	2018/7/4 7:30	Microsoft Excel	15 KB

图5-28　数据化料单一

板块编号	底边A	左边B	顶边C	右边D	对角线L1	对角线L2	空间对角线Ⅱ1（用于校对）	空间对角线Ⅱ2（用于校对）	底边拱高Ha	左边拱高Hb	顶边拱高Hc	底边拱高Hd	主曲率圆半径R	板块面积	件数	板块类型
CB01-4D01-A01	1447.5	3406.61	1492.76	3382.89	3690.06	3708.55	3689.87	3708.42	2.38	0	2.55	0	71906	4.99	1	双曲
CB01-4D01-A02	1222.02	3332.66	1222.06	3518.93	3589.87	3518.88	3589.61		7.98	0.01	6.78	0.01	14427.9	4.08	1	单曲
CB01-4D01-A03	1217.23	3566.81	1080.96	3576.7	3768.17	3734.51	3767.95	3734.45	8.13	0.01	7.37	0.01	12396.6	4.1	1	单曲
CB01-4D01-A04	1896.45	3625.21	414.33	3233.89	3816.07	3256.99	3815.48	3256.83	19.92	0	0.78	0	8134.9	3.72	1	双曲
CB01-4D01-A05	1221.38	3233.92	1408.7	3240.94	3490.07	3495.9	3489.88	3495.43	9.8	0.03	10.09	0.01	10771.7	4.26	1	单曲
CB01-4D01-A06	1195.18	3241.08	1388.5	3259.96	3488.01	3504.73	3487.92	3503.86	10.81	0.07	10.24	0.05	9915.5	4.2	1	单曲
CB01-4D01-A07	1305.55	2804.76	1829.6	1747.8	2074.24	3247.33	2073.76	3244.6	15.58	0	18.19	0	8286.8	2.99	1	双曲
CB01-4D01-A08	1330.76	1736.67	1643.15	1025.17	1556.43	2367.47	1556.35	2365.41	9.77	0.15	19.37	0.1	12524.7	1.81	1	单曲
CB01-4D01-A09	1711.24	1133.14	1904.32	297.96	2129.69	1632.34	2129.17	1632.01	11.5	0.1	29.8	0.12	21969.3	1.11	1	单曲
CB02-4D01-A01	1447.5	3382.89	1492.76	3406.61	3708.55	3690.06	3708.42	3689.87	2.38	0	2.55	0	71906	4.99	1	双曲
CB02-4D01-A02	1222.02	3343.25	1222.06	3332.66	3589.87	3518.93	3589.01	3518.88	7.98	0.01	6.78	0.01	14427.9	4.08	1	单曲
CB02-4D01-A03	1217.23	3576.7	1080.96	3566.81	3734.51	3768.17	3734.45	3767.95	8.13	0.01	7.37	0.01	12396.6	4.1	1	单曲
CB02-4D01-A04	1896.45	3233.88	414.33	3625.21	3256.99	3816.07	3256.83	3815.48	19.92	0	0.78	0	8134.9	3.72	1	双曲
CB02-4D01-A05	1221.38	3240.94	1408.7	3233.92	3495.9	3490.07	3495.43	3489.88	9.8	0.01	10.09	0.03	10771.7	4.26	1	单曲
CB02-4D01-A06	1195.18	3259.96	1388.5	3241.08	3504.73	3488.01	3503.86	3487.92	10.81	0.05	10.24	0.07	9915.5	4.2	1	单曲
CB02-4D01-A07	1305.55	1747.8	1829.6	2804.76	3247.33	2074.24	3244.6	2073.76	15.58	0	18.19	0	8286.8	2.99	1	双曲
CB02-4D01-A08	1330.76	1025.17	1643.15	1736.67	2367.47	1556.43	2365.41	1556.35	9.77	0.1	19.37	0.15	12524.7	1.81	1	单曲
CB02-4D01-A09	1711.24	297.96	1904.32	1133.14	2129.69	1632.34	2129.17	1632.01	11.5	0.12	29.8	0.1	21969.3	1.11	1	单曲

图5-29　数据化料单二

的数据结构和数据标识是管理每块板块设计信息和定位参数的基础。保持一致的字段名称和组成结构对于项目数据的管理十分重要，使用数据的时候能快速、准确地被检索到。

数字化料单在形式上类似于工业领域里的BOM表，根据型材几何特点，定制数据表、CAD标准图、三维模型三种方式下发生产料单。用条形码、二位码等标识面板单元，这样有利于材料进场时就近码放（图5-30），安装前按排板图顺序摆放在地面，现场对进场材料进行检验，安装时全站仪配合定位，这样每个单元就可以对号就位了。

图5-30　现场材料堆放

5.4.4　安装定位

大吊顶龙骨系统和面板的安装定位在本项目中又是一个难点（图5-31），巨大的室内空间没有"正交的"轴网可以作为定位的参照，所有的定位都是用坐标（大地坐标和相对坐标）来定位（图5-32），但是坐标定位带来以下三个问题：

（1）施工人员无法按坐标定位直接找到具体的位置，需要借助于测量仪器，导致效率低下。

（2）新的定位点属于新构筑物的定位点，在高空的空中无法被直接放样出具体的位置。

图5-31 面板安装现场
（图片来源：刘文峰 摄）

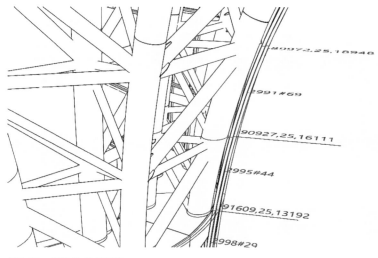

图5-32　杆件的坐标定位

（3）在高空中的测量操作必须简化成简单的长短距离测量（图5-33），避免如角度等测量。

根据以上三个现状，我们在项目中创建了"三棱锥"定位法（图5-34），新安装构件的点位坐标必须从原有构件的特征点寻找相对位置关系来确定。具体的步骤如下：

（1）在现有的构件上寻找三个有参照价值的特征点（P_1，P_2，P_3），这样就确定了一个平面的三角形，用全站仪测量这三个点的坐标，把坐标的数值采集后在BIM模型中生成坐标点，生成参照平面。

（2）在BIM模型中，平面三角形的每个角点与设计定位点（三棱锥的顶点P_X）的连线便构建出一个三棱锥，而后计算三棱锥边线（顶点到每个角点的距离）的长

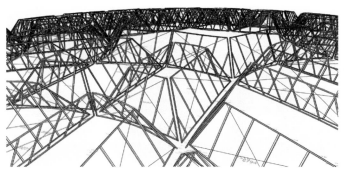

图5-33　长短距离测量，对角线验证定位

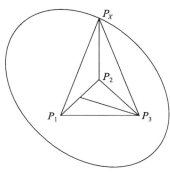

图5-34　"三棱锥"测量法

度（L_1，L_2，L_3）。

（3）工人先用三棱锥两条边（L_1，L_2）的长度距离在空间中确定顶点的轨迹线（T），而后根据第三条边（L_3）的长度锁定顶点的位置。

5.4.5 标段协调

大吊顶的施工面积十分庞大，整个大吊顶工程被分成10多个标段。标段交接处

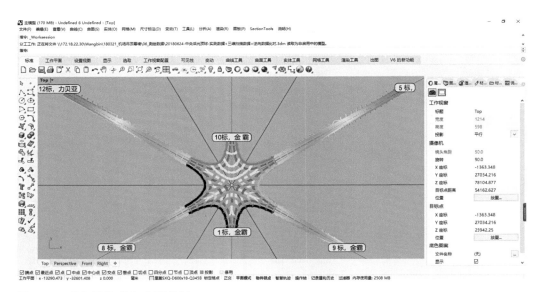

图5-35 三维扫描模型用于标段协调

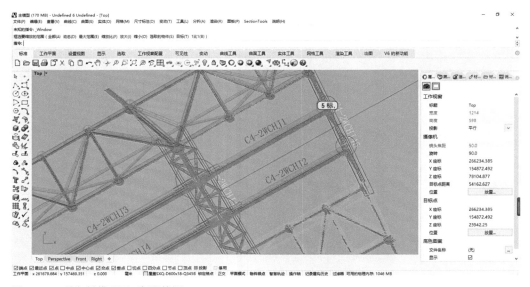

图5-36 三维扫描模型用于标段协调

设置在抗震缝和变形缝的位置（图5-35、图5-36），由于沉降、外力、不同施工分包等原因导致钢结构骨架在交接处极易出现定位不连续。各标段的施工工序是从自己的核心区域开始施工，在交接处与别的标段合拢，如果不进行提前控制和协调，可能出现完成面标高不匹配的面板，在交接处出现断崖式的"台阶"，导致吊顶曲面无法连续。

为了保证表皮完成面的连续性，必须使用三维扫描模型与BIM模型合模后整体判读，根据钢结构的偏移情况，整体调整控制曲面，避免出现控制曲面的局部曲率突变，导致曲面的曲率不连续。调整后的控制面提取控制标高发布给各个标段，在离交接处较远的地方开始逐步微调。

5.5 数字实现——钢连桥数字建造

5.5.1 钢连桥结构设计

航站楼中心区中央连桥布置在结构中央区域，共两座，沿中轴对称布置，位于机场峡谷区2F层楼面上空。连桥连接南北结构四层楼面。连桥宽度9m，长度约为73m，最大跨度约为50m，两端连接在两侧的混凝土梁上（图5-37）。

由于连桥跨度较大，为了保证结构的刚度和承载力性能，沿着连桥的长度方向设置了一条弯扭钢拱，桥面通过斜拉索与钢拱连接。与常规构件不同，钢拱是一个曲线的弯扭变截面构件，对结构的建模、计算分析以及出图都带来了不小的难度。

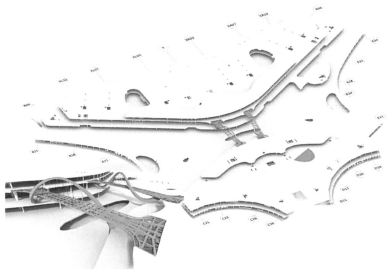

图5-37 中央区连桥位置

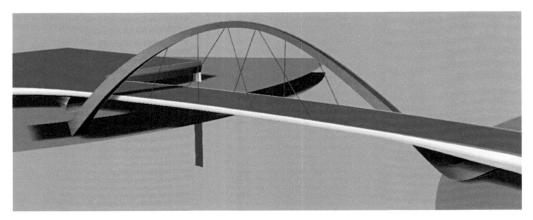

图5-38　中央区连桥建筑模型

如图5-38所示，弯扭拱上任意位置其截面大小、角度与相邻区域均不相同，为了便于结构建模和计算，将弯扭拱构件的四个面不断地细分和降阶处理，最终等效成一个个四边形的面单元。而对于连桥相对简单的钢梁和拉索，则简化为直线单元来处理，以上过程仍采用Rhino软件进行处理。将得到的简化结果导入结构计算软件，并对线单元和面单元赋予截面和厚度等属性，最终生成可用于计算的结构模型，图5-39为最终生成的Midas结构计算模型。

作为设计中的重点和难点，着重对弯扭拱的强度、稳定承载力及舒适度等进行分析。弯扭拱在恒荷载+活荷载下，轴力沿拱长相差不大，最大剪力位于拱脚位置，扭矩和弯矩均在拱脚位置最大。由于国内设计规范缺乏考虑扭矩的承载力验算，因此根据美国规范ANSI/AISC360-05、SEC.H3，对弯扭拱进行了考虑扭矩的承载力校核。

图5-40为结构在恒荷载+活荷载下的挠度变形图，连桥最大挠度在跨中位置为10mm，挠跨比为1/520，满足规范1/400的要求。

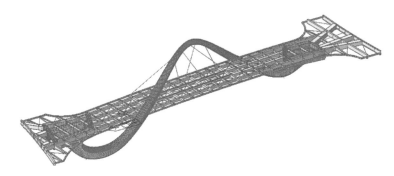

图5-39　中央区连桥Midas结构模型

图5-40　在恒荷载+活荷载标准值下挠度（mm）

由于弯扭拱轴力较大，为获得连桥的稳定承载力，对连桥进行了考虑初始缺陷的非线性稳定承载力分析。缺陷最大值按跨度的1/300取值。选取标准组合（1.0恒荷载+1.0活荷载）作为分析工况。跨中节点的荷载–位移曲线如图5-41所示，结构的极限荷载可达荷载标准值的4.37倍，满足$K>2$的要求。

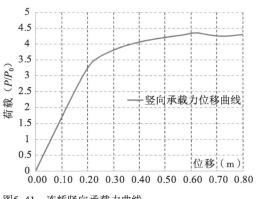

图5-41　连桥竖向承载力曲线

5.5.2　钢连桥加工阶段深化设计

由于连桥造型复杂，尤其是钢拱为三维的弯扭变截面构件，加工制造难度很大，因此在钢结构深化阶段，厂家创建了精细化的钢结构深化模型，用于指导加工制造以及安装。

由于弯扭钢拱构件的特殊性，为了便于加工和安装，深化设计阶段首先将钢拱进行了分段处理，如图5-42～图5-45所示，一个钢拱被分成了15个分段。另外对于部分分段弯扭程度较大的地方，其钢板再次进行分段，以便拟合设计要求的钢拱造型。

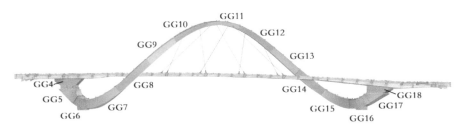

图5-42　钢拱分段立面示意
（图片来源：《中央连桥钢结构安全专项施工方案》）

图5-43　钢拱深化模型

图5-44　连桥部分节点深化模型
（图片来源：《中央连桥钢结构安全专项施工方案》）

图5-45　中央连桥钢结构整体深化模型
（图片来源：《中央连桥钢结构安全专项施工方案》）

由以上图片可以看出，用于加工制造的深化模型，对结构各构件的形状、位置、拼接形式都进行了详尽的表达。

5.5.3　钢连桥施工方案

基于完成的连桥钢结构深化模型以及现场的施工条件，施工厂家设计了详细的整体施工方案，包括临时支撑的布置、构件的安装顺序、吊车的协同吊装等。图5-46、图5-47为基于数字模型的钢连桥施工流程示意，结合模型的施工方案一目了然，很好地实现了施工过程模拟，在前期阶段即可实现方案的比选，并及时发现具体实施过程中可能遇到的问题。

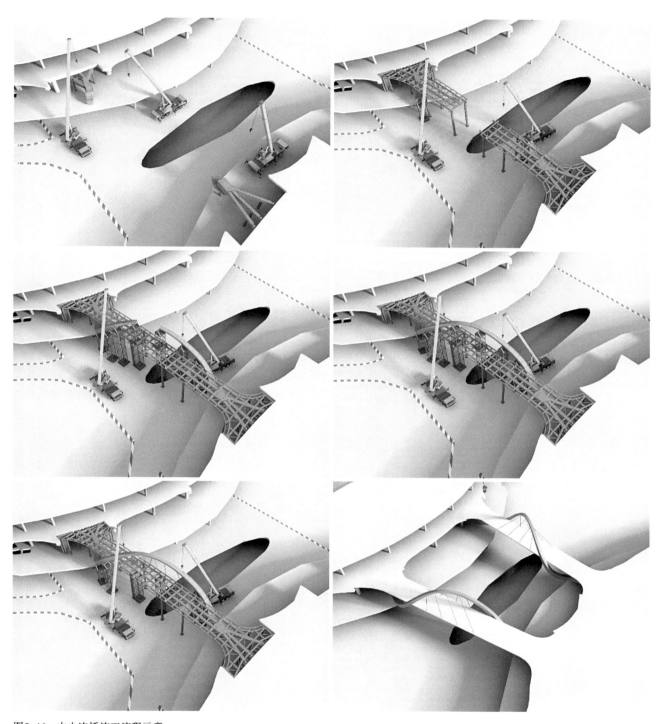

图5-46　中央连桥施工流程示意
（图片来源：《中央连桥钢结构安全专项施工方案》）

图5-47　钢结构施工现场照片
（图片来源：王亦知 摄）

索 引

安装定位演练 installation walkthrough 135

编码系统 coding system 093

编码化管理 coding management 078，093，
135

标准化设计 standardized design 021，079，
083

标段协调 bid coordination 140

不连续 discontinuous 141

参变 parameter change 079

大地坐标和相对坐标 geodetic and relative co-
ordinates 137

多样性需求 diversity needs 079

多专业集成设计 multi-professional integrated
design 079

非几何数据 non-geometric data 093，095，
096，097

非标 non-standard 134，135

复杂系统 complex system 028，029

感知数据 perceived data 097

构件对象 component object 093

合拢 close 141

核心参数 core parameters 079

基准面 datum system 026，030，031，032，
036，058，112，116，117

几何数据 geometric data 093，095，096，
097，135

金属屋面系统 metal roofing system 059，112

建构逻辑 tectonic logic 028

建筑数据集 building dataset 095

建筑外围护体系 envelope system 021

精确几何定义 precise geometric definition 030

抗震缝和变形缝 seismic and deformation
joints 141

离散 discrete 087，134，135

逆向建模 reverse modeling 126，131，133

三维扫描 3D scanning 128，140，141

设计总承包 design general contract 018，019，
025

识别 identify 093

数据可视化 data visualization 095

数字编织 compiling digital grid 030，033

数字样板 digital template 134

数字化料单 digital bill of materials 135，137

数字化管理过程 digital management pro-
cess 135

数字设计平台 digital design platform 001

数字协同设计 collaborative design 019

数控加工制造 CNC manufacturing 122

弹性变形及塑性变形 elastic and plastic defor-
mation 126

统计学 statistics 095

系统化设计 systematic design 018，075，076，

078，079，087

效率指标 efficiency index 078

信息化设计管理 information design manage-
ment 093

虚拟环境的映射 mapping of the virtual envi-
ronment 093

遗传算法 genetic algorithm 061，062，069

自由曲面造型 free surface shaping 025

资源的预先高效配置 pre-efficient allocation of
resources 134

指标 index 069，078，079，093，095，112

主控网格系统 master grid system 030，036

专项设计系统 special design system 077，078，
079

装配式建造 prefabricated construction 134，
135

参考文献

［1］束伟农，朱忠义，张琳，等. 北京新机场航站楼隔震设计与探讨［J］. 建设结构，2017，47（462），11-14.

［2］束伟农，朱忠义，张琳，等. 北京新机场航站楼隔震设计与应用［J］. 城市与减灾，2016, 110（5）：28-33.

［3］束伟农，朱忠义，祁跃，等. 北京新机场航站楼结构设计研究［J］. 建筑结构，2016，46（437），6-12.

说　明

1. 书中所有配图如无特别说明均由北京市建筑设计研究院有限公司提供。

2. 本书1.1小节文字内容经授权摘自北京大兴国际机场航站区工程设计总负责人王晓群于2019年09期《建筑学报》发表的文章《大兴机场航站区建筑设计》。

3. 本书部分素材整理自北京市建筑设计研究院有限公司参编的首都机场集团课题《大跨度空间的外观、内装与钢结构一体化设计研究》及课题成果文章《重解复杂——北京大兴国际机场航站楼外围护系统设计》（发表于2019年10期《建筑实践》，作者：门小牛、石宇立）。

结　语

重解复杂

对于大型建筑工程而言，在常规的设计与建造方法下，"复杂"是一个长期处于消极语境下的词汇，因而往往导致工程难度的非可控增长，继而引发项目完成度、周期、成本的潜在风险，故常被认为是一种非理性的设计选择。

北京大兴国际机场作为当代全球范围内的重大枢纽工程，规模空前、系统繁多，是一部覆盖航空到高铁，吞吐海量人流、物流、信息流的超级机器。系统数量与规模的交织叠加使航站楼已在客观上成了一个复杂系统，从工程建设的源头上对复杂实现有效控制成了航站楼建筑设计的核心问题。

数字技术赋予了我们能力和勇气去直面复杂。在诸多工程挑战之中，航站楼外围护系统因其大跨度异形自由曲面造型而成了整个工程的焦点：从最初试图降低概念曲面的复杂度，将其"降维"至人脑所能构建的几何描述范畴，到充分释放计算机的算力，通过电脑程序建立起自由形态与工程要素间的逻辑关系，数字技术应用策略的转变带来了令人振奋的结果。

回顾这一设计历程，可看作是一个建筑师和数字技术双向"赋能"的过程：一方面，数字技术的进步、算力的提升以及制造业的升级共同赋予了建筑师在工程中实现接近自然界般复杂度的能力；另一方面，这一过程也伴随着建筑师向工具释放设计的权限，使得数字技术具有了超越工具层面的意义，这一点在智能设计的专项应用中更加突出，智能算法的应用价值不仅在于描述复杂，更在于创造复杂，建筑师与设计工具间达成了一种双向"赋能"的合作关系。

在大平面系统的数字应用中，我们面临的突出问题是"量"带来的规模复杂度，得益于新技术处理数据的强大能力，我们在避免人力堆砌，成功实现各专项系统深度设计的同时，获得了全新的成果——数据。这使我们有理由憧憬从设计到运维，全过程地实现对复杂信息的精细管理。在描述复杂、创造复杂、管理复杂之外，数字技术也使我们获得了分析复杂的决策能力。从外围护系统的物理环境验证到大平面系统的性能模拟分析，多专业的数字验证为航站楼的各项设计决策提供了经验之外的科学依据。

航站楼的数字设计与建造实践同样是一个不断认识复杂的过程。建筑师需要掌握复杂度在工程建设全链条中的传递路径，从材料性能、加工工艺、施工技术、设计信息交付传递等方面做出评估判断。目前，设计仍然是消解工程复杂的首选环节，回到设计的源头，对衡量复杂的参考系从单一对象转变为全过程的关联系统，为实现对复杂工程的控制提供了更广阔的空间，也为判断复杂合理性、发掘复杂的价值建立了评价坐标。

让我们展开设想，当建筑物随着数字技术的发展得以更紧密地关联外界环境，更敏感地回应内部诉求时，无论是否呈现于外在形态，"复杂"或许将成为一种常态。对此，北京大兴国际机场数字设计的有力实践无疑给了我们信心和热情去迎接未来。

门小牛

2019年11月